처음 만나는 피그마

KB179876

처음 만나는 피그마: 설계부터 협업까지 올인원 UX/UI 제작 툴

초판 1쇄 발행 2020년 12월 18일 **5쇄 발행** 2024년 9월 26일 **지은이** 송아미 **펴낸이** 한기성 **펴낸곳** (주)도서출판인사이트 **편집** 문선미 **본문 디자인** 성은경 **영업마케팅** 김진불 **제작·관리** 이유현 **용지** 월드페이퍼 **출력·인쇄** 예림인쇄 **후가공** 에이스코팅 **제본** 예림원색 **등록번호** 제 2002-000049호 **등록일자** 2002년 2월 19일 **주소** 서울특별시 마포구 연남로5길 19-5 **전화** 02-322-5143 **팩스** 02-3143-5579 **이메일** insight@ insightbook.co.kr **ISBN** 978-89-6626-283-0 책값은 뒤표지에 있습니다. 잘못 만들어진 책은 바꾸어 드립니다. 이 책의 정오표는 https://blog. insightbook.co.kr에서 확인하실 수 있습니다.

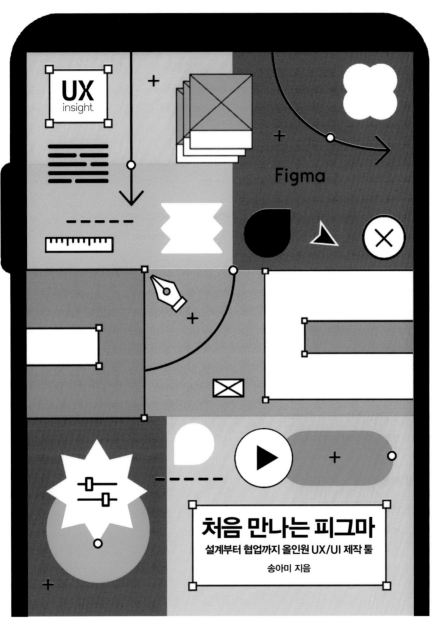

UX
insight

Figma

처음 만나는 피그마
설계부터 협업까지 올인원 UX/UI 제작 툴

송아미 지음

인사이트

차 례

contents

2부 작업 속도를 두 배 높이는 피그마 활용   77

몇 년 전만 해도 UI를 디자인할 때는 어도비 포토샵을 주로 사용했습니다. 포토샵은 이미지 편집 프로그램으로, 사진을 편집하거나 콘텐츠 이미지를 제작하는 등의 작업에는 편리하나 UI 디자인에 최적화되어 있지는 않았습니다. 특히 작업 환경이 픽셀 기반으로 되어 있어 다음과 같은 불편을 초래했습니다.

• 수정 사항이 생기면 일일이 모든 엘리먼트를 수정해야 합니다.
• 개발자와 협업 시, 별도의 가이드라인 문서에 요소들의 스타일, 간격 등을 일일이 표시해야 합니다.
• 버전별로의 관리가 어려워 파일이 많아지고, 용량은 커집니다.
• 시안을 공유하려면 이미지를 추출하거나 별도의 프로그램을 사용해야 합니다.

이때 스케치(Sketch)가 등장합니다. 스케치는 UI 디자인에 유용한 기능들은 물론이고, 디자인 시스템 구축에 특화된 기능들로 디자인팀의 업무 효율을 높여 주었고, 플러그인을 통해 개발팀과의 협업도 가능하게 해 UI 디자인 업계에 뜨거운 반응을 일으켰습니다. 이를 시작으로 인비전 스튜디오, 어도비 XD 등 UI 디자인 툴들이 연이어 출시되었습니다. 그런데 스케치에도 다음과 같은 아쉬운 점은 남아 있었습니다.

• 개발자에게 스타일을 기입한 가이드라인을 일일이 전달하지 않아도 되었지만, 별도의 유료 플러그인을 써야 합니다.
• 맥 OS에서만 사용 가능해 팀원이 윈도우를 사용 중이라면 맥으로 변경해야 합니다.
• 시안을 공유하기 위해 이미지 추출을 하거나 별도의 프로그램을 사용합니다.

애자일로의 변화, 피그마의 등장

시간이 좀 더 흘러 업계의 업무 프로세스에도 큰 변화가 생겼습니다. 워터폴(Waterfall: 기획, 디자인, 개발 순의 업무 프로세스에서 한 단계가 완전히 끝나야 다음 단계로 넘어가는 방식)에서 애자일(Agile: 기획, 디자인, 개발이 짧은 주기, 최소한의 기능 개발로 서로 긴밀하게 협업하는 방식)로의 변화입니다. 그러면서 업무 프로세스를 하나의 공간에서 모두 처리할 수 있는 툴이 관심 받기 시작합니다.

와이어프레임, 디자인, 프로토타이핑, 협업까지 올인원 툴인 피그마가 자연스레 그 주인공이 되었습니다.

툴 변화에 대응하기

저 또한 이러한 변화들에 맞춰 포토샵에서 스케치로, 스케치에서 피그마로 툴을 변경해 UI 디자인을 해 왔습니다. 그런데 툴을 변경한다는 게 결코 쉬운 일은 아니었습니다. 기존 툴로 그린 화면들을 새로운 툴에서 다시 그려야 하는 일이 발생하기도 하고, 팀 프로젝트에 쓰는 툴일 경우 팀원을 설득해야 합니다. 하지만 변화하지 않으면 업무 효율의 격차는 점점 벌어신다는 걸 알고 있었습니다. 그렇다고 새로운 툴이 나올 때마다 갈아탈 수도 없었습니다. 그래서 제 나름대로 다음과 같이 기준을 정하고, 새로운 툴이 나타날 때면 그 기준을 토대로 툴을 변경할지 여부를 검토하고 있습니다.

업무 환경

업무 환경에서는 고용 형태, 근무 형태, 사용하고 있는 장비와 다른 팀들과의 협업 방식 등 여러 가지를 고려할 수 있습니다. 예를 들어, 프리랜서

디자이너로 일해 작업을 외부에 공유해야 하는 경우가 많거나 작업하는
디바이스가 자주 바뀐다면, 파일 접근성이 높고 버전 관리를 한곳에서 할
수 있는 툴을 고르는 게 중요합니다.

현재 툴의 장단점과 새로운 툴의 장단점 비교해 보기

현재 사용하고 있는 툴에서 불편한 점을 한번 찾아 보세요. 업무 효율이
라는 관점에서 개선점을 찾아 보는 게 좋습니다. 저의 경우 그 문제점들
을 개선해 줄 수 있는 툴을 지속적으로 탐구했습니다.

체험 기간

변경하려는 프로그램에 대해 리서치가 끝난 뒤에는 체험 기간을 활용해
직접 사용해 보는 것이 중요합니다. 포토샵은 일주일, 스케치는 30일, 피
그마는 정해진 기간 없이 무료로 계속 사용해 볼 수 있습니다. 툴을 바꾸
는 건 물리적인 작업 공간을 변경하는 것처럼 힘든 일입니다. 따라서 체
험 기간에 충분히 활용해 보는 것이 좋습니다.

이 책의 집필 의도

피그마가 등장한 직후에는 한국 사용자가 많지 않았습니다. 이 때문에 피
그마에 대한 자료를 구하기가 정말 힘들었습니다. 피그마에서 제공하는
자료와 여러 커뮤니티에서 생성되는 글들, 외국 사용자들의 블로그를 참
고하는 게 전부였습니다.

저는 포토샵과 스케치를 사용해 본 경험이 있었고 피그마도 쉽게 익
혔지만, 다른 툴을 써본 적이 없거나 새로운 툴을 익히는 게 서툰 사람들
은 피그마에 쉽게 접근할 수 없을 거란 생각이 들었습니다. 그래서 저는

운영하던 유튜브 채널에 피그마를 소개하는 영상을 올리고, 구독자분들이 직접 여러 기능들을 사용해볼 수 있도록 튜토리얼을 만들어 제공했습니다.

피그마 튜토리얼: *shorturl.at/irAEN*

지금은 한국에도 피그마 사용자가 많이 늘었고, 자료들과 리소스도 풍부해졌습니다. 이제는 기초부터 탄탄히 다루는 자료가 필요한 시기다 싶어 책을 만들게 되었습니다.

이 책은 다음 분들을 위해 썼습니다.

- 피그마를 처음 써보는 신입 디자이너 혹은 학생
- 기존 툴을 피그마로 바꾸길 고민하는 디자이너 혹은 디자이너에게 추천하고 싶은 분
- 피그마를 어느 정도 알고 있지만, 핵심 기능들을 좀 더 심도 있게 사용하고 싶은 분
- 기존의 협업 방식을 개선하고 싶은 디자이너, 기획자, 개발자, 마케터

이 책으로 피그마 사용법을 익혀 실무에 바로 적용하고, 실제 실무에서는 어떻게 쓰이고 있는지 이해한 뒤 기존의 작업보다 향상된 퍼포먼스를 낼 수 있다면 저자로서 큰 보람이겠습니다.

이 책의 구성

1부에서는 피그마가 어떤 툴인지 살펴본 뒤 기능들을 가볍게 사용해 봅니다. 2부에서는 피그마의 속성 기능들을 활용해 볼 수 있는 예제들을 만들며 각 기능을 익혀 봅니다. 3부에서는 실제 실무에서 필요한 지식들과 함

께 웹과 앱을 디자인해 보고, 4부에서는 다른 직군들도 피그마를 활용할 수 있는 방법과 협업 과정을 자세히 알아 봅니다. 제가 6년 동안 디지털 프로덕트 디자이너로 일하면서 얻었던 실무 팁들도 곳곳에 함께 담았습니다.

앞으로도 한국의 피그마 커뮤니티가 더욱 활성화되고, 궁극적으로는 우리가 사용하는 툴을 더 나은 툴로 만들고, 더 나은 업무 환경을 조성할 수 있기를 바라봅니다.

　마지막으로 이 자리를 빌려 어떤 일이든 항상 무한한 지지를 보내주시는 우리 가족, 제 커리어의 대부분을 함께 보내며 좋은 영향을 주었던 서핏팀, 생애 첫 책을 함께 해주신 선미 편집자님, 아내의 집필로 인해 설거지가 잦아진 우리 남편에게 깊은 감사의 마음을 전합니다.

송아미

이 책에 나오는 예제는 직접 따라 할 수 있도록 모두 피그마 파일로 제공합니다. FIG 파일을 직접 다운로드할 수도 있고, 커뮤니티에서 가져올 수도 있습니다.

FIG 파일 다운받기

앞으로 진행할 예제는 준비된 피그마 파일에서 실행해보세요.

1. *https://bit.ly/3RapQCe*에 접속한 후 '다운로드' 버튼을 클릭해 피그마 예제 파일을 다운로드해 주세요.

2. 피그마를 열어 파일 브라우저에 파일을 드래그 앤 드롭합니다.

파일을 다운로드할 필요 없이 피그마 커뮤니티에서 바로 파일을 가져올
수 있습니다.

1. *https://www.figma.com/@insightbook*에서 '처음만나는 피그마 - 예제 파
   일'을 클릭합니다.

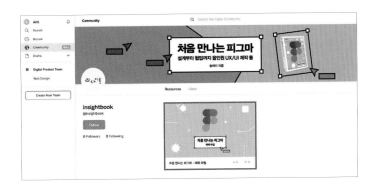

2. 오른쪽 상단의 'Duplicate' 버튼을 눌러주세요. 파일은 파일 브라우저
   의 왼쪽 메뉴인 'Drafts'에서도 다시 찾을 수 있습니다.

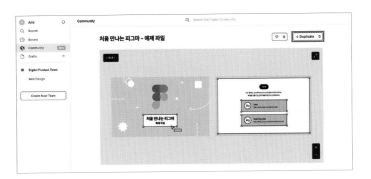

피그마 파일의 구성

피그마 파일은 다음과 같이 여러 페이지로 구성되어 있습니다.

- 페이지 리스트의 가장 상단에 있는 '안내' 페이지에는 예제에 쓰인 폰트를 다운 받을 수 있도록 URL이 담겨져 있습니다. 폰트를 설치한 뒤 실습하면 더 완성도 있는 예제를 만들 수 있습니다.
- 실습에 필요한 예제들은 장별로 구성되어 있습니다. 예를 들어, [예제 파일 6장 6-1]은 6장 페이지의 6-1 프레임을 가리킵니다.
- 마지막 '이미지 파일' 페이지에는 예제에 쓰일 이미지들이 들어 있습니다. 예를 들어 [이미지 파일 5-1.png]는 이미지 파일 페이지의 5-1.png 그림을 가리킵니다.

그림 b-1 피그마 예제 파일 미리보기

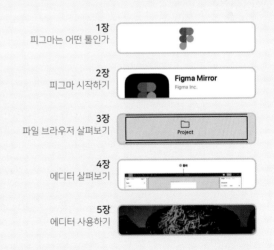

1장

피그마는 어떤 툴인가

1.1 디자인, 프로토타이핑, 협업까지 모든 프로세스를 한곳에서

피그마는 프로젝트의 처음부터 끝까지 한곳에서 모든 걸 끝낼 수 있는 올인원(all-in-one) 툴입니다. 파일 관리부터 화면 설계를 위한 와이어프레이밍, UI 디자인, 디자인 시스템 정립, 프로토타이핑, 실시간 협업 등 이 모든 게 피그마 안에서 가능합니다.

 이 모든 게 한곳에서 가능하다는 것만으로도 상당히 혁신적입니다. 기존에는 따로따로 작업해야 해 상당히 번거로웠기 때문이죠. 예를 들어 보겠습니다. 여러 팀이 프로젝트를 협업할 때는 그림 1-1처럼 서로 다른 툴을 쓰게 되고, 각자의 작업 방식이 달라 크고 작은 애로 사항들이 연속으로 생깁니다.

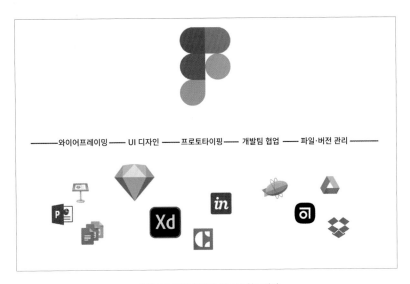

그림 1-1 모든 과정을 피그마 한곳에서

다른 팀이 작성한 문서를 보기 위해 프로그램을 설치하거나 회원 가입을 해야 하고, 피드백을 받기 위해 모든 작업을 이미지로 추출해 압축한 후 설명과 함께 이메일에 첨부해야 합니다. 또, 개발에 필요한 모든 리소스를 추출하고 가이드라인 문서에, 파일 경로까지 알려 줘야 합니다.

피그마를 사용하면 팀원 누구든 와이어프레임을 그릴 수 있고, 디자인에서 프로토타이핑까지 완성할 수 있습니다. 작업 파일 URL만 전달하면 누구나 쉽게 파일에 접근할 수도 있습니다. 팀원 여러 명이 동시에 피그마 파일에 들어와 실시간으로 수정도 할 수 있고, 피드백을 남기는 것도 가능합니다. 작업 파일에 쓰인 이미지 리소스가 필요하다면 직접 다운로드할 수도 있습니다. 이처럼 피그마의 기능들은 작업 효율을 높일뿐더러 팀원들이 좀 더 능동적인 자세로 업무에 임할 수 있도록 도와줍니다.

피그마는 UI 디자이너뿐만 아니라 비디자이너인 프로젝트 매니저, 기획자, 개발자, 프로젝트를 맡긴 클라이언트도 사용할 수 있습니다. 하여 피그마는 단순히 디자인 프로그램이 아니라 협업 도구로 정의 내리는 것이 더 적절해 보입니다.

2020년 가장 기대되는 툴 1위

2020년 2월 피그마는 1,000여 명의 사용자와 함께 첫 콘퍼런스인 콘피그(Config)를 개최했습니다. 행사에서는 다양한 강연들과 함께 피그마의 세 가지 목표에 대해서도 얘기했습니다. 피그마로 더 빠르고 똑똑하게 일하고, 누구나 팀이 되어 협업하며 제품을 만들고, 커뮤니티를 통해 서로 공유하고 배우는 문화를 만드는 것이 그 세 가지였습니다. 공식적으로 나아갈 방향과 목표를 내비친 피그마는 이후 올인원 툴로써 본격적인 움직임을 보여줍니다.

실제로 피그마는 빠른 업데이트 주기와 사용자와의 긴밀한 인터랙션으로 꾸준한 성장세를 보였습니다. 2019년 말 각국의 디자이너들을 대상으로 한 조사에서 피그마는 2020년 가장 기대되는 툴 1위로 꼽히기도 했습니다. 여러 나라에서 피그마에 대한 기대가 점점 커지고 있는 만큼 앞으로의 행보도 더욱 기대되는 툴입니다.

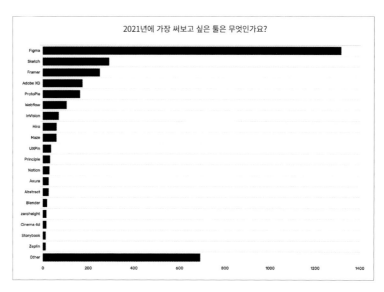

그림 1-2 uxtools.co에서 2021년 가장 기대되는 툴로 선정된 피그마

1.2 피그마 무료로 사용하기

여러 툴이 짧게는 하루, 길게는 한 달 정도의 시험 기간을 제공합니다만 충분하지 않습니다. 피그마는 특정 요건만 갖추면 무료로 사용할 수 있습니다. 무료로 피그마를 이용하는 방법에 대해 살펴보겠습니다.

스타터 플랜 이용하기

스타터 플랜은 디자이너 혼자서 작업할 때나 작업자가 2~3명 있는 소규모 팀으로 이용할 때 사용합니다.

- 권한: 파일 수정 권한을 가진 에디터(editor), 파일을 볼 수 있는 권한을 가진 뷰어(viewer) 무제한 지정 가능
- 프로젝트: 1개까지 생성 가능, 프로젝트 내 작업 파일, 페이지 각각 3개까지 생성 가능
- 팀 라이브러리: 스타일(색상, 폰트, 효과, 레이아웃 그리드 등)까지 공유 가능
- 버전 히스토리: 30일 동안 히스토리 보관

피그마 파일, 페이지 생성 제한 없이 이용하기

스타터 플랜에서는 피그마의 팀 공간에서 1개의 프로젝트, 3개의 파일, 3개의 페이지만 생성할 수 있습니다. 하지만 개인 공간인 Drafts 메뉴에서는 파일과 페이지를 무제한으로 생성할 수 있습니다. 개인 작업으로 피그마를 사용하고 있다면 Drafts 메뉴를 잘 활용해 보세요. 자세한 Drafts 사용 방법은 45p Q&A에 나와 있습니다.

학생 인증하기

학생 인증을 한 계정에는 스타터 플랜보다 더 큰 혜택이 주어집니다. *https://www.figma.com/student/apply*에서 간단한 인적 사항과 학교 정보를 입력해 제출하면 이메일로 학생 인증 결과를 알려 줍니다.

- 권한: 에디터, 뷰어 무제한 지정 가능
- 프로젝트: 무제한 생성 가능
- 팀 라이브러리: 스타일, 컴포넌트 공유 가능
- 버전 히스토리: 무제한 히스토리 보관

TIP

학생 인증을 한 계정은 유료 플랜인 프로페셔널 플랜과 동일한 혜택이 제공됩니다. 팀으로 운영할 경우 팀원 모두 학생 인증을 받아야 합니다.

1.3 피그마 기능 업그레이드하기

피그마 플랜을 업그레이드하면(유료) 리소스 관리와 협업에 필요한 고급 기능을 사용할 수 있고, 프로젝트 생성이나 버전 히스토리같이 제한적으로 제공되던 기능들도 무제한으로 사용할 수 있습니다. 유료 플랜에는 프로페셔널(professional) 플랜과 기업(organization) 플랜 두 가지가 있습니다. 각 플랜의 특징들을 찬찬히 살펴본 뒤, 현재 팀의 규모를 고려해 플랜을 선택하면 됩니다.

프로페셔널 플랜 이용하기

프로페셔널 플랜은 프로젝트와 디자인 리소스를 관리하는 데에 최적화된 기능을 제공합니다. 무제한 버전 히스토리로 작업 파일들을 안전하게 관리할 수 있고, 팀 라이브러리로 공유할 수 있는 리소스의 종류가 많아지기 때문에 체계적인 디자인 시스템을 구축할 수 있습니다. 그렇기에 팀의 규모가 커지면 프로페셔널 플랜으로 업그레이드 할 것을 권장합니다.

- 권한: 에디터당 월 $12 지불 (1년 결제 시)
- 프로젝트: 무제한 생성 가능
- 팀 라이브러리: 스타일, 컴포넌트 공유 가능
- 버전 히스토리: 무제한 히스토리 보관

기업 플랜 이용하기

피그마의 기업 플랜으로는 각 기업에 최적화된 환경을 갖출 수 있습니다. 기업들은 필요한 기능들을 피그마 안에서 직접 구축해 사용할 수 있습니다. 기업 플랜은 비용이 상당하므로 피그마 팀에 개별 연락해 상담을 거친 다음 이용할 수 있습니다.

- 권한: 에디터당 월 $45 지불 (1년 결제 시)
- 폰트 클라우드 제공
- 기업 플러그인 제작 가능
- 디자인 시스템 어널리틱스: 팀 내 데이터를 기반으로 팀 라이브러리 관리 가능

1.4 지금 피그마를 써야 하는 이유

와이어프레임 제작과 UI 디자인, 프로토타이핑을 할 수 있는 툴은 이미 시중에 많이 나와 있습니다. 스케치나 어도비 XD, 인비전 스튜디오 등 내로라하는 프로그램들이 즐비한데, 피그마가 등장한 이유는 무엇일까요? 지금부터 피그마를 써야 하는 다섯 가지 이유에 대해 알아보겠습니다.

웹 기반의 클라우드 소프트웨어

피그마는 웹 기반으로 만들어진 클라우드 소프트웨어입니다. 팀, 프로젝트, 파일, 리소스를 모두 피그마 안에서 관리할 수 있는데, 이 모든 것이 웹에서 구동되는 것이죠. 별도의 설치 없이 브라우저를 열 수 있는 환경만 된다면 어디서든 피그마를 사용할 수 있습니다. 이런 속성을 지니면 구체적으로 어떤 점들이 편해지는지 알아보겠습니다.

Window에서도 사용할 수 있어요

피그마는 웹 기반으로 만들어졌기 때문에 현재 사용 중인 운영체제(OS)의 호환성에도 영향을 받지 않습니다. 그렇기에 맥을 비롯 윈도우와 리눅스에서도 브라우저를 통해 피그마를 사용할 수 있습니다. 피그마는 데스크톱 앱도 제공하고 있으므로 설치해서 사용하는 것도 가능합니다.

URL 전달로 파일 공유가 가능해요

그림 1-3처럼 공유할 파일의 URL을 복사해 상대방에게 전달하기만 하면 상대방의 컴퓨터에 피그마가 설치되어 있지 않아도 파일을 확인할 수 있습니다. 다른 툴에서는 상대방이 같은 프로그램을 쓰고 있지 않으면 공유하려는 시안 파일을 모두 이미지로 추출해서 전달하거나 공유를 위한 또다른 앱을 사용해야 했습니다.

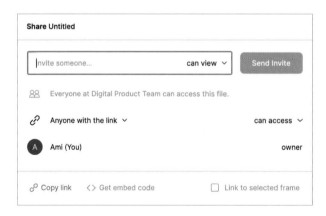

그림 1-3 피그마 URL 공유

파일이 자동으로 동기화돼요

모든 작업 파일은 피그마에서 실시간으로 클라우드에 저장되고 관리됩니다. 이 덕분에 작업 파일을 공유 폴더에서 다운로드해 작업한 뒤, 다시 업로드할 필요도 없고, 같은 파일을 동시에 업로드했을 때 생길 수 있는 충돌의 위험도 없어졌습니다. 또, 실시간으로 자동 저장되기 때문에 갑작스러운 문제가 생겨도 작업하던 내역은 잃지 않습니다. 습관적으로 누르던 저장 단축키를 더 이상 누르지 않아도 됩니다.

실시간 협업

피그마가 가진 장점 중 하나를 꼽으라 한다면 단연 '실시간 협업'이라고 할 수 있습니다. 협업 기능은 피그마의 점유율을 한층 높여 줬습니다. 실시간으로 여러 팀원이 동시에 접속해 함께 시안을 확인할 수 있고, 코멘트를 남기면서 피드백도 나눌 수도 있죠. 이러한 피그마의 특성은 구글 독스와 매우 흡사합니다. 작업이 의도대로 진행됐는지 확인할 때, A안과 B안 중에 어떤 게 더 나을지 비교할 때 등 여러 상황에서 쓰이고 있습니다.

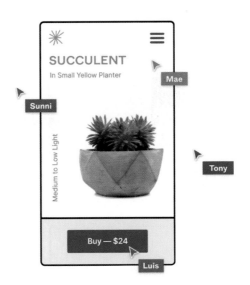

그림 1-4 피그마의 실시간 협업

버전 히스토리

누구나 파일에 쉽게 접근할 수 있다는 점, 실시간으로 동시에 작업할 수 있다는 점이 때로는 문제를 일으키기도 합니다. 피그마에서는 버전 히스토리 기능을 제공하므로 문제가 일어나기 전의 상태로 언제든 되돌아 갈 수 있습니다. 기본적으로 30일 동안의 작업 히스토리가 보관되고, 유료 플랜을 사용할 경우 무제한으로 보관됩니다. 피그마 자체에서 버전 히스토리 관리가 가능하기 때문에, 이를 위한 별도의 프로그램을 추가로 사용할 필요가 없습니다. 역시 올인원 툴이라는 타이틀을 가질 만하지요.

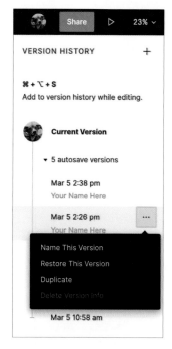

그림 1-5 피그마의 버전 히스토리

벡터 네트워크

피그마는 벡터 그래픽 소프트웨어입니다. 벡터 그래픽 소프트웨어의 가장 큰 장점은 작은 아이콘 하나를 큰 사이즈의 JPG, PNG 이미지로 추출하더라도, 이미지가 손상되지 않고 선명하게 잘 보인다는 것입니다. 어도

비 일러스트레이터와 스케치도 벡터 기반 프로그램입니다. 그런데 같은 벡터 기반의 프로그램이라도 피그마는 어도비 일러스트레이터, 스케치와는 조금 다르게 요소를 처리합니다.

피그마는 벡터 네트워크라 불리는 개발 방식을 사용하고 있어, 점에서 파생되는 선과 면들은 하나의 네트워크처럼 서로 연결됩니다.

피그마에서 육면체를 그리는 과정을 예로 들어 보겠습니다. 윗면으로 사각형을 그린 뒤, 펜 툴로 면의 꼭짓점 하나를 클릭해 새로운 선을 긋고 연결하면 쉽게 육면체를 만들 수 있습니다. 이어진 선들은 하나의 요소로 인식되기 때문에 색상, 선 두께 등 스타일이 동일하게 적용됩니다. 그림 1-6의 왼쪽 그림처럼요.

어도비 일러스트레이터에서는 이어진 선들을 각자 다른 요소로 인식하므로 자칫 그림 1-6의 오른쪽처럼 선의 연결이 매끄럽지 않은 결과가 나올 수 있습니다.

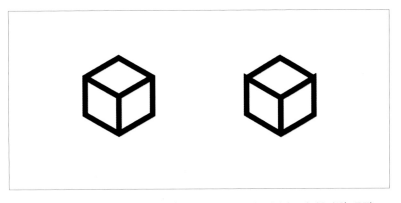

그림 1-6 피그마에서 그린 정육면체(왼쪽)와 어도비 일러스트레이터에서 그린 정육면체(오른쪽)

피그마는 펜 툴의 자유도를 높여 사용자가 직관적으로 이용할 수 있기 때문에 더욱 유연하고 안정감 있는 벡터 작업을 할 수 있습니다.

디자인 시스템과 팀 라이브러리
디자인 시스템은 IT 업계에서 몇 년간 큰 화제였습니다. 디자인 시스템은 화면에 쓰이는 요소들을 미리 만들어 두고 사용함으로써 프로젝트의 디자인 스타일을 일관성 있게 유지하고 작업시간 또한 단축시킵니다. 실제로 많은 기업이 디자인 시스템에 상당한 시간을 투자하고 있는 만큼, 시중의 툴들도 디자인 시스템 구축을 위한 기능들을 앞다투어 업데이트하고 있습니다.

피그마는 특히 시스템화할 요소를 생성하는 것부터 유지 관리에 필요한 기능들을 계속 고도화하고 있습니다. 피그마의 팀 라이브러리가 그중 하나입니다. 팀 라이브러리를 사용하면 디자인 시스템 구축뿐 아니라 이후 관리까지 체계적으로 할 수 있게 됩니다.

디자인 시스템 파일을 팀 라이브러리에 등록하면, 각 팀원은 정의된 리소스들을 드래그 앤 드롭만으로 꺼내 쓸 수 있어 빠르게 레이아웃을 구성할 수 있게 됩니다. 또 디자인 시스템의 한 부분이 수정됐을 때 팀원들은 알림을 받고, 어떤 것들이 신규로 수정됐는지도 확인할 수 있습니다. 클릭한 번으로 새로 바뀐 것들을 내 시안에도 반영시킬 수 있죠.

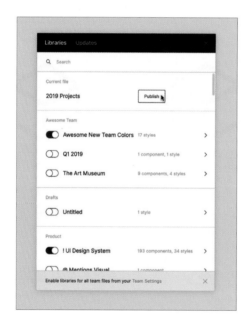

그림 1-7 팀 라이브러리

2장

피그마 시작하기

2.1 웹으로 시작하기

피그마는 웹 기반으로 만들어진 프로그램이기 때문에, 컴퓨터의 운영체제가 맥이든 윈도우이든 상관없이 실행 가능합니다. 또, 프로그램을 설치할 필요 없이 웹에서 바로 로그인해 작업할 수도 있죠. 피그마를 사용할 수 있는 브라우저는 크롬, 사파리, 엣지, 파이어폭스 등이 있습니다.

자 그럼, 피그마를 웹에서 접속해 보겠습니다. 피그마 웹에서는 화면을 그리는 작업뿐만 아니라 피그마의 주요 기능들 소개, 사용법, 와이어프레임 키트와 플로차트 등 다양한 템플릿 제공, 작업 예시 등 많은 자료를 얻을 수 있습니다.

우선 피그마 웹사이트 *www.figma.com*에 접속합니다. 오른쪽 상단의 'Sign up' 버튼이나 화면 중앙의 'Try Figma for free' 버튼을 눌러 계정을 생성하기만 하면 바로 피그마를 사용할 수 있습니다.

그림 2-1 피그마 웹사이트

피그마 웹에서 로컬 폰트 사용하기

컴퓨터에서 사용 중인 폰트들을 피그마 웹에 불러와 사용할 수 있습니다. 먼저 웹 브라우저가 로컬 폰트 파일들에 접근할 수 있는 환경이 세팅되어야 하는데, 이때 폰트 인스톨러(Font Installer)를 *www.figma.com/downloads*에서 다운로드해 설치하면 됩니다. 그 다음부터는 로컬 환경에서 쓰던 폰트들도 피그마 웹에서 사용할 수 있습니다.

2.2 데스크톱 앱으로 시작하기

피그마는 데스크톱 앱으로도 사용할 수 있는데요. 현재 데스크톱 앱은 웹으로 구현된 화면을 앱으로 감싼 형태로 제작되어, 데스크톱 앱과 피그마 웹의 퍼포먼스는 크게 차이 나지 않습니다. 그렇기 때문에 자신이 편한 쪽으로 선택하면 됩니다.

1. 앱은 *www.figma.com/downloads/*에 접속해 'Desktop App'으로 들어간 후 맥용은 'macOS'를, 윈도우용은 'Windows'를 다운로드하면 됩니다.

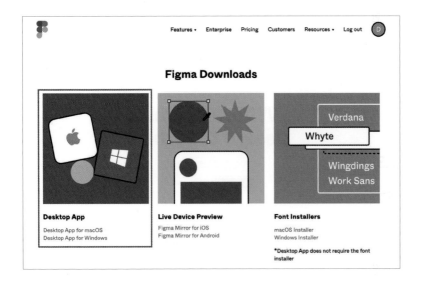

2. 설치를 완료하면 데스크톱 앱으로 피그마를 사용할 수 있게 됩니다.

오프라인으로 피그마 데스크톱 앱 사용하기

피그마는 기본적으로 인터넷이 연결되어 있어야 합니다. 주요한 기능들인 실시간 협업과 파일 관리 등은 온라인 상태여야 가능하기 때문이죠. 그런데 갑자기 인터넷 연결이 끊기면 어떻게 할까요? 이럴 때 알아 두면 좋을 몇 가지를 소개합니다.

- 인터넷에 의존하지 않는 작업들은 계속 수행 가능합니다. 예를 들어, 도구들을 사용해 화면을 그리는 일들 말이죠.
- 작업 중인 파일은 더 이상 실시간으로 저장되지 않지만, 인터넷이 다시 연결되면 자동으로 저장되니 걱정하지 않아도 됩니다.
- 만일의 상황을 대비해 작업 중인 파일은 백업해 두는 게 좋습니다. 백업은 File > Save local copy…를 눌러 FIG 파일로 저장해 두면 됩니다. 컴퓨터의 배터리가 방전되면 오프라인 상태에서 변경된 사항은 그대로 손실되므로 주기적으로 저장해 주는 것이 좋습니다.

SHORTCUT
백업 단축키:
[cmd+shift+S]
[ctrl+shift+S]

2.3 미러 앱 시작하기

피그마에서 모바일 앱을 제작 중이라면, 피그마 미러(Figma Mirror) 앱으로 실제 모바일 디바이스에서 화면을 확인해 보세요. 안드로이드와 iOS 모두 미러 앱을 설치할 수 있고, 태블릿 PC에서도 가능합니다. 미러 앱을 통해 정적인 화면도 확인 가능하고 프로토타이핑도 실행해 볼 수 있습니다.

그러면 시안만으로도 실제 앱에 가까운 경험을 해 볼 수 있게 됩니다. 그
럼 어떻게 미러 앱을 사용하는지 알아보겠습니다.

미러 앱 사용하기

1. 앱스토어나 구글플레이에서 피그마 미러 앱을 설치합니다.

2. 데스크톱 피그마에서 사용 중인 계정으로 피그마 미러 앱에도 로그인
    합니다. 같은 계정으로 로그인하면 작업 중인 화면을 미러 앱에서 바
    로 확인할 수 있습니다. 더 이상 디바이스와 컴퓨터가 케이블로 연결
    되어야 하거나 같은 와이파이를 쓰지 않아도 됩니다. 간편하죠?

3. 로그인이 되면 이런 화면이 뜰 거예요. 그럼 이제 모바일에서 확인할
   화면을 데스크톱에서 선택해 주면 됩니다.

모바일 웹 브라우저와 미러 앱의 차이점

모바일 웹 브라우저에서 작업 파일의 URL을 열어도 시안을 확인할 수 있
습니다. 하지만 미러 앱을 통해 실행한 화면과 모바일 웹 브라우저를 통
해 실행한 화면은 그림 2-2처럼 차이가 있는데요. 모바일 웹 브라우저는
브라우저 자체의 헤더(header)와 푸터(footer)로 시안을 가리는 반면 미러
앱은 화면을 100% 크기로 실현할 수 있습니다. 따라서 모바일 앱을 제작
중이라면 미러 앱을 사용해 화면을 수시로 확인해 가며 작업하는 것이 좋
습니다.

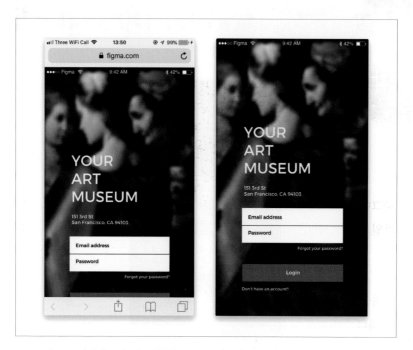

그림 2-2 모바일 웹 브라우저로 실행한 피그마 화면(왼쪽)과 미러 앱으로 실행한 화면(오른쪽)

〜〜〜〜〜〜〜〜〜〜〜〜〜〜〜〜〜〜〜〜〜〜

3장

파일 브라우저 살펴보기

3.1 파일 브라우저

피그마를 열었을 때 가장 처음 접하게 되는 화면이 파일 브라우저인데요.
파일 브라우저에는 작업 파일들이 들어 있어 본격적인 작업에 앞서 꼭 거
치게 되는 곳입니다. 그리고 팀과 프로젝트를 만들어 관리하고 피그마 계
정 설정, 플러그인, 커뮤니티도 살펴볼 수 있습니다.

지금부터 파일 브라우저의 인터페이스를 가볍게 살펴보고 주요 기능들
을 하나씩 실행해 보겠습니다.

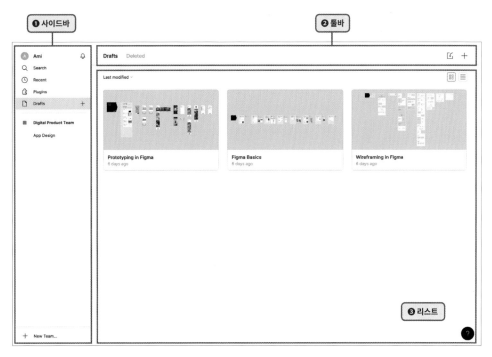

그림 3-1 피그마의 파일 브라우저

❶ 사이드바(Sidebar): 파일 브라우저의 내비게이션 역할을 합니다. 계정 설정, 검색을 할 수 있고 커뮤니티, 팀, 프로젝트, 파일 리스트를 확인할 수 있는 공간입니다.

❷ 툴바(Toolbar): 사이드바에서 선택한 메뉴의 하위 메뉴들이 있는 공간입니다. 왼쪽 탭을 이동하며 다른 화면들을 볼 수 있고, + 버튼을 눌러 새 파일을 추가할 수도 있습니다.

❸ 리스트(List): 사이드바에서 선택한 메뉴의 리스트가 보이는 공간입니다. 예를 들어, 사이드바의 '커뮤니티'를 클릭하면 커뮤니티에 올려진 파일, '팀명'을 클릭하면 팀에 속해 있는 파일들을 볼 수 있습니다.

3.2 팀 만들기

팀 프로젝트용으로 피그마를 사용해야 한다면, 첫 번째로 해야 할 일은 팀 만들기입니다. 팀을 개설해 팀원을 초대하면 프로젝트와 파일을 만들어 함께 작업할 수 있습니다. 팀은 파일 브라우저의 왼쪽 사이드바에서 생성합니다. 사이드바의 팀 개설 유도 메시지는 피그마가 협업 툴에 집중되었다는 것을 다시 한번 보여 주는 듯합니다. 자, 그럼 어떻게 새로운 팀을 만드는지 알아보겠습니다.

1. 파일 브라우저의 왼쪽 사이드바에 있는 'Create New Team'을 클릭합니다.

2. 팀명을 입력한 뒤, 'Create Team' 버튼을 클릭합니다. UI/UX 작업을 주로 할 예정이니 팀명은 Digital Product Team으로 했습니다.

3. 피그마 팀에 들어올 팀원들의 이메일을 입력한 뒤, 'Continue' 버튼을 클릭해 주세요. 팀원은 나중에 추가할 예정이므로 'Skip for now'를 클릭하겠습니다.

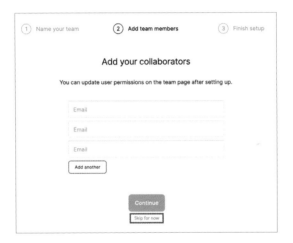

4. 이제 팀의 플랜을 선택해야 합니다. 피그마를 처음 접하는 경우 무료인 스타터(starter) 플랜으로 시작해 보는 것이 좋습니다. 플랜에 대해서는 1장에서 설명했습니다.

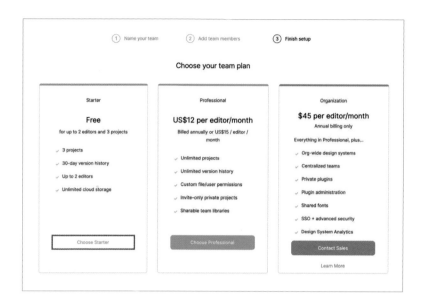

5. 팀 생성을 마치면 팀의 대시보드 화면이 나오는데요. 이때 생성한 프로젝트, 파일, 팀 멤버를 한눈에 볼 수 있습니다.

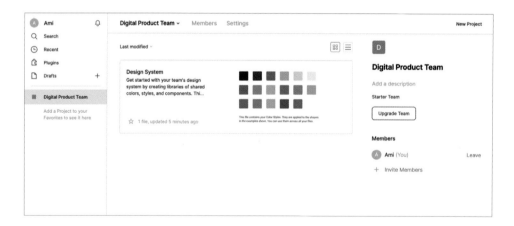

팀 정보 수정·삭제하기

팀을 만든 후에 팀 정보를 수정하거나 삭제할 수 있습니다.

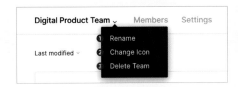

❶ Rename: 팀의 이름을 수정합니다.

❷ Change Icon: 왼쪽 사이드바 팀명 옆에 나오는 이미지를 변경합니다.

❸ Delete Team: 팀을 삭제합니다.

팀 권한 설정하기

팀을 만들고 팀원 초대까지 마쳤다면 이제 각 팀원들에게 작업 권한을 부여해야 합니다. 피그마의 일부 파일만 접근 가능하게 할지, 파일 전체를 수정할 수 있게 할지, 확인만 할 수 있게 할지 정하는 거죠.

피그마 안에는 어떤 권한들이 있는지 살펴보고, 권한은 어떻게 설정하는지 알아보도록 하겠습니다.

피그마의 팀 권한 종류

피그마의 팀 권한에는 오너(owner), 어드민(admin), 에디터(editor), 뷰어(viewer) 네 종류가 있습니다.

오너는 팀을 생성한 최고 관리자 권한인데요. 팀 내 하나의 계정만 오너 권한을 가질 수 있고 팀, 프로젝트, 파일 등 모든 것을 관리하며, 지운 파일들도 다시 되살릴 수 있는 강력한 힘을 지닙니다.

어드민은 오너와 같은 권한들을 가지지만 오너 계정을 없애거나 오너 권한을 다른 사람에게 부여하진 못합니다.

에디터는 작업에 필요한 모든 기능을 사용할 수 있고, 협업할 팀원들도 초대할 수 있습니다.

마지막으로 뷰어는 파일을 볼 수만 있습니다. 파일을 수정할 순 없지만 코멘트를 달거나 아이콘이나 이미지 등 에셋(asset)을 추출할 수는 있습니다.

그림 3-2 피그마 팀 권한

권한 설정하기

앞서 얘기한 권한들의 성격을 고려해 파일 브라우저에서 각 팀원의 권한
을 설정해 보도록 하겠습니다.

❶ 파일 브라우저에서 왼쪽 사이드바의 팀명(Digital Product Team)을 클
릭합니다.

❷ 상단 툴바의 Members를 클릭합니다.

❸ 팀원들의 권한을 클릭해 원하는 권한을 선택해 줍니다.

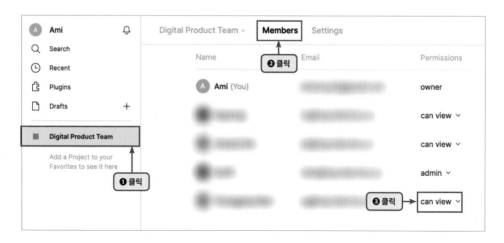

3.3 팀 프로젝트 시작하기

팀원들의 권한 설정이 끝났다면 이제 팀의 프로젝트를 만들어야 합니다. 본격적으로 프로젝트를 만들기 전에 알아 두면 좋을 게 하나 있는데요. 바로 피그마의 파일 구조입니다. 피그마에서 만들어지는 모든 파일은 구조화되어 있기 때문에 이를 잘 활용하면 작업 파일들을 체계적으로 관리할 수 있습니다. 먼저 피그마의 파일 구조에 대해 알아본 뒤 프로젝트와 파일을 만들어 보겠습니다.

피그마의 파일 구조

피그마는 그림 3-2처럼 팀, 프로젝트, 파일, 페이지 순으로 구조화되어 있습니다. 팀이 최상위 폴더라면 그 안에 프로젝트를 만들고, 프로젝트 안에 파일을 만들 수 있죠. 파일 안에는 여러 페이지를 둘 수 있으며, 그 페이지에 화면을 그리게 됩니다.

팀의 규모와 프로젝트에 따라 최상위 폴더인 '피그마 팀'은 하나의 프로젝트 폴더로 사용되기도 하고, 클라이언트 폴더로 사용되기도 합니다. 이처럼 피그마의 파일 구조는 상황에 맞춰 유연하게 재구성할 수 있습니다.

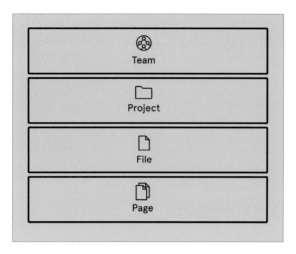

그림 3-3 피그마 파일 구조

프로젝트와 파일 만들기

팀이 만들어졌으니 이제 프로젝트와 파일을 만들어 볼 차례입니다. 프로젝트로는 앱 리뉴얼이나 새로운 기능 추가 프로젝트가 될 수도 있고, 파일로는 프로젝트에 필요한 와이어프레임 파일, GUI 디자인 파일이 될 수 있습니다. 팀에서 작업하던 방식에 따라 생성해 보세요.

1. 먼저 프로젝트를 만들어 보겠습니다. 팀 대시보드 화면에서 우측 상단의 'New Project'를 클릭합니다.

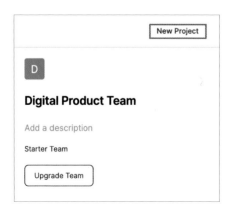

2. 프로젝트명을 입력해 주세요. 모바일 앱 프로젝트를 진행한다는 가정 하에 프로젝트명을 App Design으로 입력해 보겠습니다.

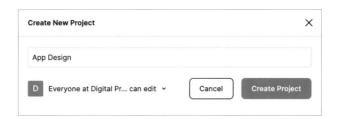

3. 이제 이 프로젝트에 누가 접근할 수 있는지 설정해 주겠습니다. 'Everyone at Digital Product Team can edit'을 눌러 드롭다운에서 나오는 권한 옵션 중 하나를 선택합니다. 그 다음 'Create Project' 버튼을 누릅니다.

   ❶ Everyone at Digital Product Team can edit: 팀에 속한 모든 팀원이 이 프로젝트의 파일들을 편집할 수 있습니다.

   ❷ Everyone at Digital Product Team can view: 나를 제외한 팀원들은 파일 보기만 가능합니다.

   ❸ Invite-only-let me choose who has access: 초대한 팀원만 접근할 수 있도록 설정합니다. (프로페셔널 플랜에서 가능)

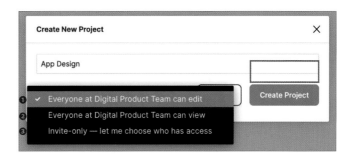

4. 프로젝트가 생성되었습니다. 다른 팀원들도 어떤 프로젝트인지 알 수 있도록 프로젝트명 밑 Add a description 입력란에 '앱 디자인 2.0을 위한 공간입니다.'를 입력해주세요.

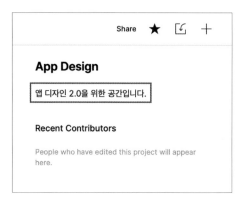

5. 이제 파일을 만들어야 합니다. '+New File'을 클릭하거나 상단 툴바의 +를 클릭해 새 파일을 만들어 보세요.

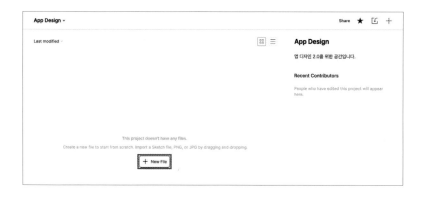

TIP
스타터 플랜은 프로젝트 1개, 프로젝트 안의 파일은 3개, 파일 안의 페이지도 3개까지 만들 수 있습니다.

Q. 개인 파일은 어떻게 생성하나요?

A. 개인 파일은 왼쪽 사이드바의 Drafts 메뉴 ⊞를 눌러서 만들 수 있습니다. Drafts 메뉴를 클릭한 후, 상단 툴바의 가장 오른쪽 ⊞를 클릭해도 됩니다. Drafts 안에서는 파일을 무제한 생성할 수 있고, 이렇게 만들어진 파일에 다른 팀원들은 기본적으로 접근할 수 없습니다. 하지만 팀원에게 뷰어 권한을 부여해 파일을 공유할 수는 있습니다. 개인 작업을 원할 땐 이렇게 파일을 생성해 보세요. 만들어진 파일은 왼쪽 사이드바의 Drafts 메뉴를 클릭하면 다시 찾을 수 있습니다.

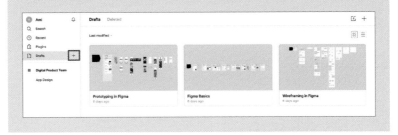

파일 불러오기

피그마를 사용하다 보면 종종 .fig 파일을 불러와야 하는 상황이 생깁니다. 예를 들어, 다운로드한 UI Kit나 백업해 둔 파일을 불러와야 하는 경우들 말이죠. 자, 그럼 어떻게 피그마 파일을 불러와야 하는지 알아보겠습니다.

1. 개인 작업용 파일이라 가정하고, 왼쪽 사이드바의 Drafts 메뉴를 클릭합니다(팀 프로젝트용이라면 프로젝트명을 클릭해 주세요).

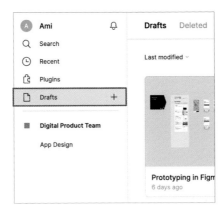

2. 불러올 파일을 파일 브라우저의 리스트에 드래그 앤 드롭합니다. 상단 툴바의 ⬚을 클릭하고 파일을 선택해도 됩니다.

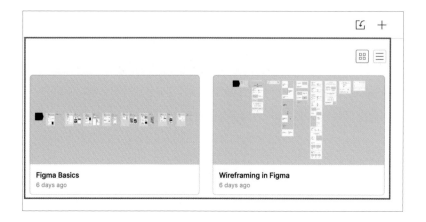

3.4 커뮤니티 이용하기

파일 브라우저에 커뮤니티 메뉴가 새로 생겼습니다. 커뮤니티는 피그마 파일을 다른 사용자들과 공유할 수 있는 공간입니다. 다른 사용자가 올린 파일을 Drafts로 가져와 직접 파일을 만져볼 수도 있고, 만든 파일을 다른 사용자에게 공유할 수도 있습니다.

커뮤니티에서 가져온 파일의 활용법은 예제를 직접 실습할 때 다룹니다. 여기서는 맛보기로 무드보드 템플릿을 제공하는 Moodboard Kit 파일을 Drafts로 가져와 살펴보기만 하겠습니다.

TIP

내가 만든 작업을 피그마 커뮤니티에 올리는 방법은 '부록 A 피그마 커뮤니티 활용하기'에서 다룹니다.

---

1. 파일 브라우저에서 왼쪽 사이드바의 Community를 클릭한 뒤, 'Mood-board Kit'를 검색해 선택합니다.

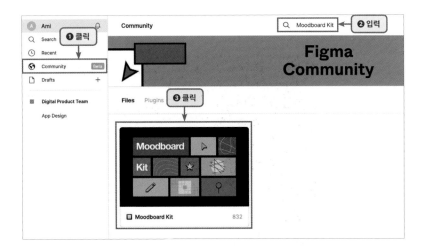

2. 우측 상단의 'Duplicate' 버튼을 클릭해 내 공간으로 가져옵니다.

3. 이제 자유롭게 파일을 수정할 수 있습니다. 이 과정을 거친 커뮤니티
   파일은 내 Drafts 공간에 자동으로 복사되기 때문에 Drafts 메뉴에서
   언제든지 이 파일을 다시 열어 볼 수 있습니다.

Q. 파일 브라우저에 Community가 아닌 Plugins 메뉴가 있는데, 커뮤니티로 들어가는 메뉴는 어디서 찾을 수 있죠?

A. 피그마 커뮤니티는 베타 버전으로 운영되고 있어, 커뮤니티를 이용하고 싶다면 따로 신청해야 합니다(현재는 베타 버전이 끝나 신청 없이 바로 사용할 수 있습니다). 파일 브라우저에서 Plugins 메뉴를 누르면 오른쪽 Installed 메뉴 밑에 커뮤니티에 가입해 보라는 메시지가 보입니다. 여기서 'Joining the beta'를 클릭하면 커뮤니티 참가에 신청할 수 있습니다. 가입 신청 폼은 간단한 질문 몇 가지로 구성되어 있고, 폼 작성을 완료하면 며칠 뒤에 피그마에서 승인 이메일이 옵니다.

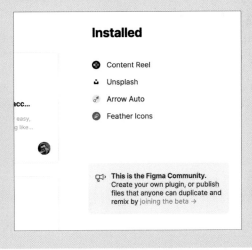

4장

에디터 살펴보기

4.1 에디터 구성

먼저 작업에 필요한 도구들이 담긴 피그마 에디터의 인터페이스를 살펴보고자 합니다. 모든 피그마 파일은 피그마 에디터에서 실행됩니다. 에디터는 툴바, 레이어 패널, 속성 패널, 캔버스로 구성되어 있습니다. 각 패널의 기능을 사용해서 화면을 만들게 되는 것이죠. 패널을 하나씩 소개하고 그 안에 담긴 기능들을 자세하게 살펴보겠습니다.

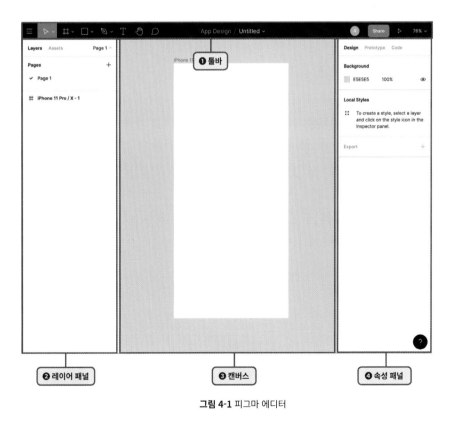

그림 4-1 피그마 에디터

메뉴의 사용법과 기능은 예제를 직접 실습하면서 알아보므로 부담 가지지 말고 가볍게 읽어도 됩니다.

❶ 툴바(Toolbar): 툴바에서는 파일의 환경을 설정할 수 있고, 요소를 만드는 다양한 도구와 기능 들이 담겨 있습니다. 캔버스에서 어떤 것을 선택했느냐에 따라 그 구성이 달라지기도 합니다.

❷ 레이어 패널(Layers panel): 파일이 어떤 레이어들과 에셋으로 구성되어 있는지 구조를 확인할 수 있는 공간입니다. 페이지를 생성해 작업 공간을 나눌 수도 있습니다.

❸ 캔버스(Canvas): 실제로 작업이 이루어지는 공간입니다. 여러 화면을 그려 넣을 수 있습니다.

❹ 속성 패널(Properties Panel): 위치, 간격, 색상, 굵기 등 요소들의 스타일 속성을 설정할 수 있고, 프로토타이핑 작업도 할 수 있습니다.

4.2 툴바 알아보기

툴바에는 사용도가 매우 높은 기능들이 담겨 있기 때문에 이 기능들을 숙지하고 단축키를 활용한다면 작업의 효율성이 높아질 거예요. 툴바의 왼쪽부터 차례대로 어떤 기능들이 있는지 알아보겠습니다.

메뉴 알아보기

메뉴(Menu)는 툴바의 가장 왼쪽에 있습니다. 메뉴 버튼을 클릭하면 부수적인 기능들을 실행하거나 작업 환경을 설정할 수 있습니다.

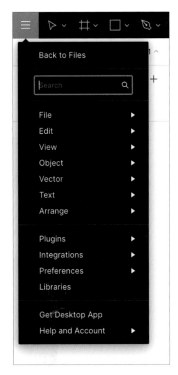

그림 4-2 툴바 메뉴

기본 툴 알아보기

프레임, 도형, 텍스트 등 하나의 요소를 만들 때 쓰이는 기본 툴입니다. 아이콘 오른쪽에 있는 화살표를 클릭하면 비슷하게 묶인 다른 툴들도 확인할 수 있습니다. 작업할 때 꼭 한 번씩은 쓰게 되는 툴들이므로 하나씩 알아보도록 하겠습니다.

그림 4-3 피그마 툴

❶ Move: 가장 기본 상태의 툴입니다. 주로 하나의 요소를 선택하거나 옮길 때 쓰입니다.

Scale: 요소를 선택한 뒤 선의 굵기나 크기의 비율을 일정하게 유지한 채 조정하고 싶을 때 사용합니다.

❷ Frame: 그림을 그릴 수 있는 캔버스와 개념이 동일합니다. 프레임을 생성한 뒤 그 안에 화면을 그려 넣습니다.

Slice: 특정 영역을 Slice 툴로 지정해 이미지로 추출할 수 있습니다.

❸ Rectangle ~ Star: 각 이름에 해당하는 도형과 선을 그릴 수 있습니다.
Place Image: 이미지를 추가할 수 있습니다.

❹ Pen: 아이콘이나 도형을 정교하게 그릴 수 있는 툴입니다.

Pencil: 펜 툴보다는 덜 정교한 드로잉을 할 때 쓰입니다. 예를 들어, 빠르게 수정 사항을 표시할 때 말이죠.

❺ Text: 글자를 삽입할 수 있습니다.

❻ Hand Tool: 캔버스를 드래그하여 작업을 둘러볼 수 있습니다.

❼ Comment: 캔버스에 코멘트를 남길 수 있습니다.

다양한 디바이스에서 작업하기

피그마에서는 다양한 디바이스의 화면 크기 프레임이 제공됩니다. 화면 크기는 최신 기기들에 맞춰 계속 업데이트됩니다. 프레임을 클릭한 후 오른쪽 속성 패널에서 작업할 디바이스 크기를 선택해 보세요.

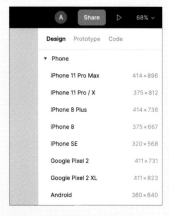

그림 4-4 다양한 디바이스의 화면 크기 프레임

컨텍스츄얼 툴 알아보기

피그마의 컨텍스츄얼 툴은 캔버스에서 선택한 요소가 무엇인지에 따라 다르게 보여집니다. 예를 들어, 도형 하나를 만들었다면 도형에 적합하게 쓰일 기능인 컴포넌트 생성, 마스크 적용, 도형 편집 툴이 컨텍스츄얼 툴에 보이게 되는 것이죠. 이렇게 선택한 요소에 최적화된 기능들만 제공되어 편리합니다.

그림 4-5 선택한 요소에 따라 달라지는 툴바

파일을 열면 기본으로는 그림 4-6의 A처럼 파일명이 보입니다. 특정 요소를 선택하면 B의 상태로 변합니다. 컨텍스츄얼 툴에 속한 기능들을 한꺼번에 모아 자세하게 알아보겠습니다.

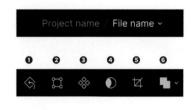

그림 4-6 피그마 컨텍스츄얼 툴

❶ Reset Instance: 수정된 인스턴스 컴포넌트의 스타일을 리셋합니다.

❷ Edit Object: 도형을 수정할 수 있는 벡터 편집 모드로 전환됩니다.

❸ Create Component: 선택한 요소 혹은 그룹을 컴포넌트로 만듭니다.

❹ Use as Mask: 선택한 요소를 마스크로 지정해 그룹을 생성합니다. 그러면 마스크 그룹 안에 다른 요소가 들어올 수 있는데, 포함된 다른 요소는 마스크로 지정된 요소의 모양만큼만 보여집니다.

❺ Crop Image: 불러온 이미지의 불필요한 부분을 잘라낼 수 있습니다.

❻ Boolean Groups: 두 개 이상의 도형을 합치거나 교차 영역만 제외하는 등 편집할 수 있습니다.

벡터 편집 모드로 도형 편집하기

도형을 그린 뒤 툴바의 'Edit Object' 버튼을 누르거나 도형을 더블 클릭하면 툴바는 기본 모드에서 벡터 편집 모드로 전환됩니다. 그러면 도형들을 위한 툴들로 재정비되어 화면에 나타납니다. 벡터 편집 모드에서 보여지는 툴들로 도형을 수정할 수 있고, 편집이 끝나면 상단의 'Done' 버튼을 누르거나 [Esc] 키를 눌러 벡터 편집 모드를 끝냅니다.

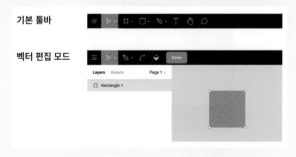

그림 4-7 기본 툴바(위)와 벡터 편집 모드의 툴바(아래)

공유, 뷰 설정하기

툴바의 오른쪽에는 작업을 공유할 때나 프레젠테이션 뷰를 실행할 때 주로 쓰이는 기능들이 있습니다.

그림 4-8 피그마 공유, 뷰 설정

❶ Multiplayer: 이 파일에 어떤 팀원들이 접속해 있는지 확인할 수 있습니다. 각자의 이니셜이나 프로필 사진이 뜨는 공간입니다.

❷ Share: 파일을 공유할 때 쓰입니다. URL을 복사할 수도 있고, 이메일을 입력해 다른 팀원을 파일로 초대할 수 있습니다.

❸ Present: 프레젠테이션 뷰를 열어 작업한 프로토타이핑을 실제로 동작해 볼 수 있습니다.

❹ View Setting: 캔버스를 확대, 축소할 수 있고 픽셀 프리뷰와 레이아웃 그리드 등 필요에 따라 뷰 설정을 다르게 할 수 있습니다.

4.3 레이어 패널

이제 캔버스 왼쪽에 위치한 레이어 패널을 살펴보죠. 레이어 패널은 레이어(Layers) 탭과 에셋(Assets) 탭으로 구성되어 있습니다. 레이어 패널에서는 작업 파일의 기본 구조를 만들고, 구성 요소를 확인할 수 있으므로 구석구석 알아 두는 게 좋습니다. 자, 그럼 각 탭을 차례대로 살펴보고 작업할 때 필수로 쓰이는 기능들은 하나씩 실행해 보겠습니다.

레이어 탭 살펴보기

레이어 탭에서는 파일의 뼈대를 볼
수 있습니다. 예를 들어 파일 안에
생성된 페이지나 도형, 텍스트 등
구성 요소들을 확인할 수 있습니
다. 레이어 탭은 세 가지로 나뉘는
데, 각 영역이 어떤 역할을 하는지
좀 더 자세히 알아보겠습니다.

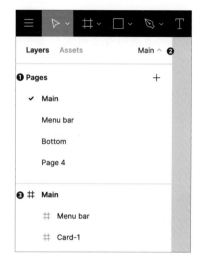

그림 4-9 레이어 탭

❶ 페이지 리스트: 파일 안에서 생
　성한 페이지들이 표시되는 영역
　입니다. 페이지들의 이름, 순서
　도 수정할 수 있습니다.

❷ 현재 페이지: 현재 어느 페이지를 보고 있는지 알려 주는 영역입니다.
　클릭하면 페이지 리스트가 접힙니다.

❸ 레이어 리스트: 페이지 안에서 사용한 요소들의 레이어를 확인할 수
　있는 영역입니다. 프레임, 도형, 텍스트 등 다양한 요소가 레이어 리스
　트 안에 들어갑니다.

페이지 URL 전달하기

공유하고자 하는 페이지를 마우스 오른쪽 클릭 후 'Copy Link'를 클릭하면 클립보
드에 페이지의 URL이 복사됩니다. 이제 쉽게 다른 팀원에게 페이지를 공유해 보기
바랍니다.

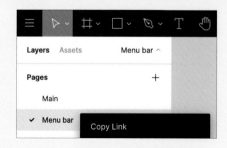

레이어 살펴보기

이번에는 페이지 영역 아래 레이어를 다뤄 보겠습니다. 하나의 요소를 만들면 이렇게 레이어가 생성됩니다. 그 레이어에는 몇 가지 설정을 할 수 있는데요.

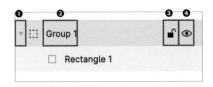

❶ 레이어가 최상위 그룹일 경우, 그룹을 펼치고 접을 수 있습니다.

❷ 레이어명을 더블 클릭하면, 레이어명을 변경할 수 있습니다.

❸ 레이어를 잠글 수 있습니다. 레이어를 잠그면 캔버스에서 해당 요소가 선택되거나 움직이지 않습니다.

❹ 레이어를 캔버스에서 숨길 수 있습니다. 한 번 더 클릭하면 다시 나타납니다.

에셋 탭 살펴보기

에셋 탭에서는 생성된 컴포넌트를 한눈에 파악할 수 있습니다. 컴포넌트는 반복적으로 사용되는 요소들을 하나의 세트로 정의해 놓은 것입니다. 에셋 탭에서는 이러한 컴포넌트를 드래그 앤 드롭만으로 편하게 꺼내 쓸 수 있죠. 에셋 탭은 어떤 메뉴들로 구성되어 있는지 알아보겠습니다.

❶ Search: 컴포넌트를 검색할 수 있습니다.

❷ View: 컴포넌트를 보여 주는 뷰 형태

를 그리드뷰와 리스트뷰 둘 중 하나로 선택할 수 있습니다.

❸ Team Library: 현재 파일의 컴포넌트들을 다른 팀원들도 쓸 수 있도록 팀 라이브러리에 등록할 수 있습니다.

❹ Local Components: 현재 파일에서 만들어진 컴포넌트를 볼 수 있는 리스트입니다. 컴포넌트를 캔버스에 드래그 앤 드롭하면 바로 사용할 수 있습니다.

❺ Library Components: ❻의 'Icons'는 팀 라이브러리에서 가져온 컴포넌트들입니다. 이처럼 팀 라이브러리에서 가져온 에셋들은 Local Components 아래에 따로 영역이 만들어집니다.

4.4 속성 패널

속성 패널에서는 디자인(Design), 프로토타입(Prototype), 코드(Code) 탭의 기능들을 활용해, 요소의 크기나 색상을 수정하고 그림자와 블러 같은 효과를 추가한다거나 프로토타이핑을 통해 움직임을 넣어 주는 등 멋진 옷을 입힐 수 있습니다. 각 탭을 소개하고 그 안의 기능들을 좀 더 자세히 알아보겠습니다.

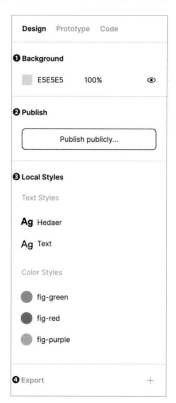

디자인 탭 살펴보기

디자인 탭은 속성 패널에서 왼쪽 첫 번째 메뉴로, 디자인에 필요한 기능들을 주로 제공하고 있습니다. 그뿐만 아니라 오토 레이아웃, 컨스트레인트같이 작업의 효율성을 높여 주는 기능들도 함께 구성되어 있습니다. 이렇듯 작업에 실질적으로 쓰이는 기능들이 모두 모여 있기 때문에, 이번에는 메뉴를 하나하나 상세히 살펴보겠습니다. 예제를 만들어 보다가 어떤 기능이었는지 생각이 나지 않을 경우, 여기로 다시 돌아와 확인해 봐도 좋습니다.

캔버스에서 아무 요소도 선택하지 않았을 때

❶ Background: 캔버스의 배경색을 설정할 수 있습니다.

❷ Publish: 파일을 피그마 커뮤니티에 업로드할 수 있습니다.

❸ Local Styles: 파일 내에 어떤 스타일들이 정의되어 있는지 한눈에 확인할 수 있습니다.

❹ Export: 파일 전체를 이미지로 추출할 수 있습니다.

하나 이상의 요소를 선택했을 때

❶ Alignment, Distribution: 요소들의 정렬과 사이 간격을 조정합니다.

❷ Size, Orientation, Position: 선택한 프레임이나 그룹의 위치, 사이즈, 라운드 값 등을 설정합니다.

　❹ Clip content: 프레임 바깥으로 튀어나간 요소들을 잘라낼 것인지 선택할 수 있습니다.

❸ Constraints: 바깥 프레임의 너비가 리사이징될 때 구성 요소들의 너비, 크기 등은 어떻게 반응할 것인지 설정합니다.

❹ Auto Layout: 요소들의 간격, 배치가 자동으로 수정되게끔 설정합니다.

❺ Instance: 인스턴스 컴포넌트를 다른 컴포넌트로 교체하거나 해제합니다.

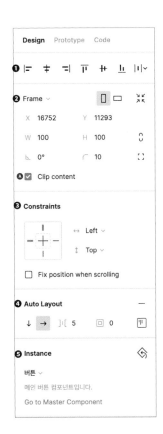

❻ Component: 마스터 컴포넌트의 설명을 입력할 수 있습니다.

❼ Layout Grid: 프레임에 그리드를 그려 넣어 주는 기능입니다. 그리드의 사이즈도 설정할 수 있습니다.

❽ Layer: 선택한 레이어의 투명도, 블렌드 모드(Normal, Darken, Multiply 등)를 설정합니다.

❾ Text: 텍스트의 종류, 크기, 정렬 등 다양하게 설정합니다.

❿ Fill: 색상 선택뿐만 아니라 선택한 요소를 그라디언트, 이미지로도 채워 넣을 수 있습니다.

⓫ Stroke: 선의 색상, 굵기 등을 설정합니다.

⓬ Selection Colors: 선택한 요소에 쓰인 색상들을 한꺼번에 수정할 수 있는 아주 유용한 기능입니다. 색상을 다른 색상으로 변경하면 일괄 변경됩니다.

⓭ Export: 선택한 요소를 이미지로 추출합니다. 배수와 포맷을 설정할 수 있습니다.

프로토타입 탭 살펴보기

프로토타입 탭에서는 프로토타이핑하기 위해 인터랙션을 설정할 수 있습니다. 프로토타이핑으로 실제 구현된 결과물을 사용해 보는 듯한 느낌을 받을 수 있습니다. 피그마에서는 애니메이션의 종류와 시간 세팅 등을 적용해 비교적 정교하게 프로토타이핑할 수 있고, 프로토타입 화면에 코멘트를 남기는 등 협업하는 데에 필요한 옵션도 제공하고 있습니다. 그 옵션은 어떤 것들이 있는지 좀 더 자세히 알아보겠습니다.

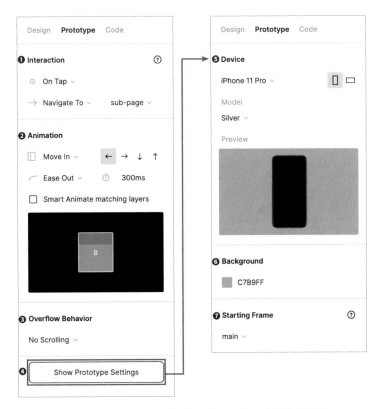

그림 4-10 인터랙션 구현 메뉴(왼쪽)와 프레젠테이션 뷰 설정 메뉴(오른쪽)

❶ Interaction: 어떤 인터랙션을 적용할지 선택하는 영역입니다. 인터랙션 설정을 위해 세 가지 선택 사항을 제공합니다. 어떤 행위로 인터랙션을 시작할지 트리거(Trigger)를 설정하고, 어떤 반응을 일으킬지 액

선(Action)을 고르고, 그 반응에 영향을 받는 화면인 도착지(Destination)를 선택합니다.

❷ Animation: 인터랙션을 서서히 나타나게 할지, 기존의 화면을 밀면서 나타나게 할지 등 애니메이션을 설정합니다.

❸ Overflow Behavior: 디바이스 크기에 벗어난 부분은 어떻게 스크롤 처리할지 설정합니다.

❹ Show Prototype Settings: 버튼을 누르면 그림 4-10의 오른쪽 메뉴로 이동해 프로토타입을 재생할 디바이스와 부가적인 옵션들을 선택합니다.

❺ Device: 디바이스의 종류를 고를 수 있습니다.

❻ Background: 프로토타입이 시현될 프레젠테이션 뷰의 배경색을 선택합니다.

❼ Starting Frame: 프로토타입을 시현할 경우 시작되는 화면을 선택합니다.

코드 탭 살펴보기

코드 탭에서는 실제 구현할 때 참고할 수 있도록 CSS, iOS, Android용 코드를 기본적으로 제공하고 있는데요. 작업한 요소가 어떤 크기, 색상, 라운드 값 등으로 제작되었는지 각각의 언어로 확인할 수 있습니다. 코드 탭은 4부에서 더 자세히 다루도록 할게요.

SHORTCUT
레이어 패널,
속성 패널 숨기는
단축키:
[cmd+\][ctrl+\]

그림 4-11 코드 탭

5장

~~~~~~~~~~~~~~

에디터 사용하기

5.1 카드 UI 만들기

앞에서 에디터의 레이어 패널, 속성 패널을 자세히 살펴봤는데요. 이제는
그 메뉴들을 사용해 카드 UI를 만들어 보겠습니다. 카드 UI는 모바일 앱
이나 웹에서 하나의 콘텐츠를 담은 UI 요소입니다. 일반적으로 이미지와
텍스트를 담고 있고, 그 형태가 카드와도 비슷해 카드 UI로 불리고 있습
니다.

에디터를 활용해 6장 예제에 쓰일 쿠킹 클래스 웹사이트의 콘텐츠 카드
를 미리 만들어 볼 겁니다. 작업 과정을 잘 따라 해 보면서 에디터 사용법
을 익혀 보세요.

그림 5-1 쿠킹 클래스 웹사이트의 콘텐츠 카드 UI

프레임 만들기

먼저 프레임을 사용해 이미지와 텍스트가 담길 하얀색 카드를 만들어 보겠습니다. [예제 파일 5장 5-1]의 화면 왼쪽에는 완성된 카드 UI가 있으니, 함께 보면서 제작해도 좋습니다.

1. 240px×400px 크기의 프레임을 만들어 보겠습니다. 툴바에서 Frame 툴을 선택한 뒤, 화면을 클릭한 다음 240px×400px만큼 드래그해 크기를 조정해 줍니다. 프레임 아래에 표시되는 숫자로 크기를 확인하면 됩니다. 크기는 속성 패널의 W, H에서도 설정할 수 있습니다.

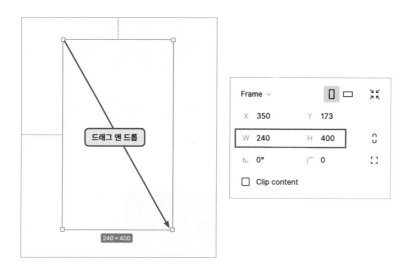

2. 이제는 카드에 색상을 더해 보겠습니다. Fill 패널에서 ⊞을 클릭해 프레임에 색상을 추가해 줍니다. 색상은 'FFF'으로 설정해 주세요.

헥스(hex) 코드 간편하게 입력하기

헥스 코드는 RGB 색상 코드 표기법으로, # 뒤에 여섯 자리의 숫자, 문자로 색상을 나타냅니다. 색상 입력란에 헥스 코드를 입력해야 하는 경우가 많이 생기는데, 상황에 따라 좀 더 빠른 방법이 있습니다.

SHORTCUT
프레임 단축키 : F

- 여섯 자리가 반복되는 경우(#ffffff) : f를 개수에 상관없이 입력한 뒤, Enter를 누르면 #ffffff가 자동으로 입력 완성됩니다.
- 똑같은 두 자리가 반복되는 경우(#fefefe) : fe만 입력하면 #fefefe가 입력됩니다.
- 똑같은 문자가 두 개씩 반복되는 경우(#aabbcc) : abc만 입력하면 #aabbcc가 입력됩니다.

3. 카드 모서리가 둥글도록 라운드 값을 넣어 줘야 하는데요. Frame 패널에서 라운드 입력란에 '10'을 입력해 주면 됩니다.

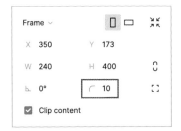

4. 다른 요소들과 헷갈리지 않도록, 레이어 패널에서 프레임명을 'UI/ Card'로 변경합니다. 자, 이렇게 카드 프레임이 만들어졌습니다!

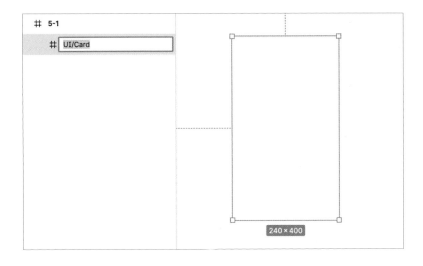

5.2 효과 추가하기

카드의 색상이 배경과 크게 차이 나지 않아 눈에 잘 띄지 않네요. 카드에
그림자를 추가해 배경과 좀 더 구분되도록 해 보겠습니다.

1. UI/Card를 선택한 다음, Effects 패널의 ⊞를 클릭합니다. 'Drop Shad-
   ow'가 추가되면 왼쪽 설정 아이콘을 한 번 더 클릭해 주세요. 설정
   팝업에서 Blur는 '30', X는 '0', Y는 '4' 그림자 색상은 'CCC', 투명도는
   '50%'로 설정합니다.

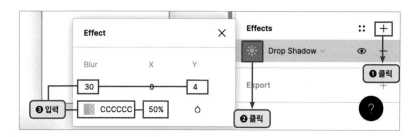

2. 그럼 이렇게 그림자가 추가될 거예요. 아까보다 카드가 더 또렷하게
   보이네요.

이미지 추가하기

쿠킹 클래스의 카드 UI를 보면 상단에 요리 이미지가 있습니다. 이 이미지로 클래스에서 어떤 요리를 배우게 되는지 짐작할 수 있는데요. 방금 만든 프레임 상단에 이미지를 추가해 보겠습니다.

1. 툴바에서 이미지 추가 메뉴로 이미지를 넣어 볼게요. 툴바의 'Rectangle' 오른쪽의 화살표를 클릭한 후 'Place Image'를 선택합니다.

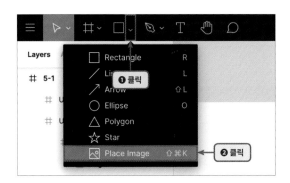

2. 그럼 파일을 선택하는 팝업이 뜰 거예요. 여기서 [이미지 파일 5-1. png]를 선택해 주세요. 그 다음 UI/Card 프레임 왼쪽 상단을 클릭한 뒤 240p×240px 크기에 맞춰 드래그해 이미지를 넣어 줍니다. 오른쪽 속성 패널에서 W, H에 각각 240, 240을 입력해 주셔도 됩니다.

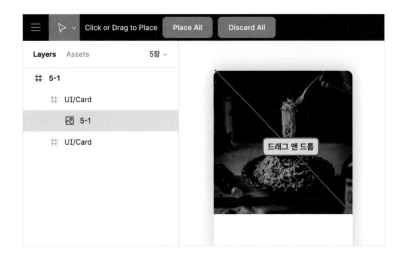

텍스트 추가하기

이제 쿠킹 클래스의 이름과 어느 나라의 요리인지 그리고 가격은 얼마인지 정보를 알려 줘야 하는데요. 각각의 정보 우선순위에 따라 다른 스타일을 적용해 보며 카드 UI를 계속 만들어 보겠습니다.

1. 위에서부터 차례대로 입력해 보겠습니다. 먼저 나라 이름을 적겠습니다. 툴바에서 Text를 선택한 뒤, '이탈리아'를 입력합니다. 이제 위치 조정을 해 줄 건데요. 키보드 [opt][alt]를 눌러 UI/Card의 왼쪽 기준으로 20px, 이미지 밑 20px 떨어진 곳에 놓습니다. 그 다음 Text 패널에서 스타일을 다음과 같이 설정해 주세요.

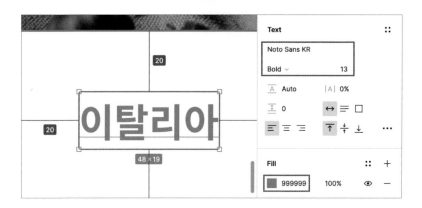

2. 이제 나라 이름 옆에 작은 국기 아이콘을 달아줘야 합니다. 먼저 '이탈리아' 텍스트의 4px 오른쪽에 16px×16px 프레임을 만들어 줍니다. 프레임명은 'Icon/Flag'로 해 주세요.

SHORTCUT
레이어명 변경
단축키 :
[cmd+R][ctrl+R]

3. 이제 이미지를 넣어줄 차례입니다. 프레임을 선택한 후, Fill 패널에서 ⊞를 클릭하고, 색상을 한 번 더 클릭해 주세요. 색상 팔레트가 열리면 왼쪽 상단의 'Solid'를 클릭해 'Image'로 변경합니다.

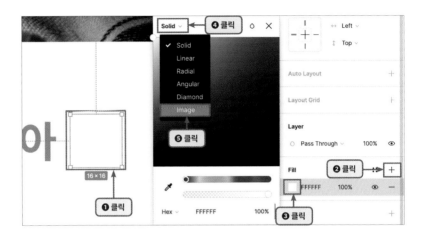

4. Image로 속성이 설정되면, 'Choose Images'를 클릭해 [이미지 파일 5-2.png]으로 이미지를 변경합니다. 그럼 비었던 프레임에 이미지가 채워질 거예요.

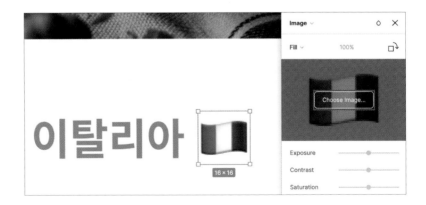

5. 쿠킹 클래스 이름은 텍스트 상자를 만들어 넣어 보겠습니다. 툴바에서 Text를 선택한 뒤, 이탈리아 텍스트 8px 아래에 200px×50px의 텍스트 상자를 만들어 줍니다.

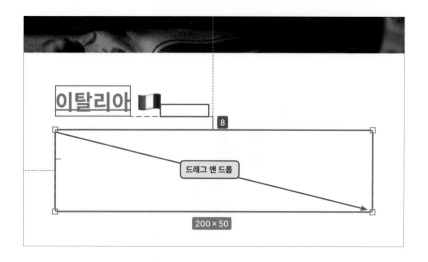

6. 이제 '이탈리아 셰프에게 직접 배우는 파스타 요리'라고 쿠킹 클래스 이름을 입력합니다. 하단의 속성 패널을 참고해 스타일을 설정해 주세요.

7. 쿠킹 클래스 이름과 가격 영역을 구분해 주기 위해 선을 넣어 보겠습니다. 툴바에서 Rectangle 오른쪽 화살표를 클릭해 Line을 선택해 주세요. 쿠킹 클래스 이름 8px 아래를 클릭해 200px의 선을 그려 줍니다. 색상은 Stroke 패널에서 'EFEFEF'로 설정합니다.

SHORTCUT
선 단축키 : L

8. 마지막으로 가격을 입력해 볼게요. 앞서 그린 구분선 10px 아래에 '1인 35,000원'을 입력한 뒤, 하단의 속성 패널을 참고해 스타일을 설정해 주세요.

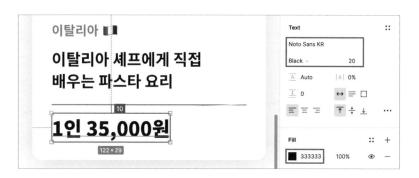

9. 이제 쿠킹 클래스 카드에 들어갈 텍스트 입력은 끝났습니다!

도형으로 아이콘 만들기

이번에는 관심있는 쿠킹 클래스가 생기면 저장해 놨다가 다음에 다시 열어 볼 수 있도록 북마크 아이콘을 만들어 넣어 줄 겁니다. 피그마에서 아이콘을 넣는 방법에는 플러그인을 사용하는 것과 직접 그려 넣는 것 등 다양한데요. 플러그인을 사용해 아이콘을 추가하는 방법은 2부에서 다루므로 여기서는 아이콘을 직접 그려 넣어 보겠습니다.

1. 먼저 북마크 아이콘이 들어갈 회색 프레임을 만들어 주겠습니다. 아이콘을 프레임 안에 그리게 되면 그 안에서 정렬이 자유로워 작업하기 편리합니다. 툴바에서 Frame을 선택한 뒤, 24px×24px 크기의 프레임을 카드의 오른쪽 16px, 상단 이미지 아래 16px에 만듭니다.

2. 색상과 라운드 값을 설정해 주겠습니다. 속성 패널의 라운드 입력란에 '6'을 입력한 다음, Fill 패널에서 색상을 추가해 'EEE'로 입력합니다. 그럼 북마크 아이콘의 배경이 그려집니다. 프레임명은 'Icon/Shape/Bookmark'로 설정해 주세요.

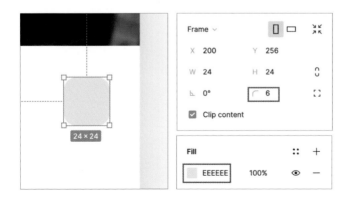

3. 배경 안에 북마크 아이콘을 그려 볼 차례입니다. 툴바의 Rectangle 메뉴를 클릭해 Icon/Shape/Bookmark 프레임 안에 8px×12px의 사각형을 그려 줍니다. 위치는 세로, 가로 중앙으로 설정해 주세요. Fill 패널에서 색상을 추가해 'CCC'로 입력합니다.

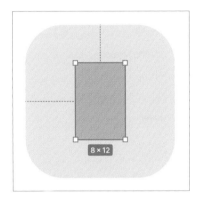
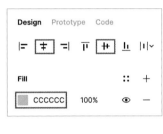

4. 북마크 아이콘은 아래가 갈라지는 형태인데요. 피그마에서는 이 형태를 아주 쉽게 만들 수 있습니다. 우선 방금 만든 Rectangle을 더블 클릭하거나 키보드의 [enter] 키를 눌러 벡터 편집 모드로 변경합니다. 여기서 마우스를 Rectangle 하단 중앙 위에 올리면 작은 점 하나가 생기고 마우스 커서는 펜 툴 모양으로 변하는 걸 볼 수 있을 거에요.

5. 점을 클릭해 [shift] 키를 누른 상태에서 Vector 패널의 Y가 '14'가 될 때까지 위로 드래그해 주면 북마크 아이콘이 금세 만들어집니다. 정말 쉽죠?

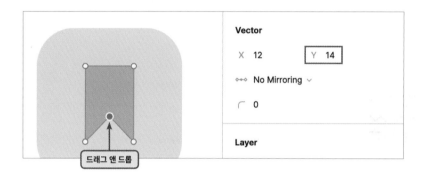

6. 자, 이렇게 에디터의 기본 기능들을 사용해 카드 UI를 만들어 봤습니다. 다음 2부에서는 좀 더 고급 기능을 사용해 모바일 앱과 웹을 만들어 볼 예정이니 잘 따라와 주세요!

작업 속도를
두 배 높이는
피그마 활용

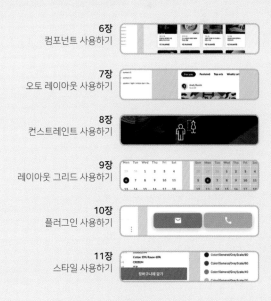

6장

컴포넌트 사용하기

6.1 컴포넌트 알아보기

버튼의 메인 색상이 변경되었다면 어떻게 반영해야 할까요? 일일이 버튼
들을 수정해야 할 겁니다. 그런데 컴포넌트를 사용하면 이야기가 달라집
니다. 헤더, 버튼, 리스트, 아이콘과 같이 여러 화면에 반복적으로 쓰이는
요소들을 컴포넌트로 만들면, 하나의 컴포넌트만 수정해 나머지 요소들
에도 한번에 반영시킬 수 있습니다. 유지 보수 작업이 한층 수월해지죠.

컴포넌트는 필요할 때마다 빠르게 꺼내 쓸 수도 있고 다른 리소스들과 조
합해 레이아웃을 구성할 수도 있습니다. 화면마다 새롭게 리소스를 만들어
사용하는 게 아니라 이미 정의된 리소스를 쓰는 것이기 때문에, 작업 시간
이 단축될 뿐 아니라 일관성 있는 디자인 스타일도 유지할 수 있게 되죠.

이토록 유용한 기능인 컴포넌트를 어떻게 활용해야 작업 효율을 증대시
킬 수 있을지 그 개념과 사용 방법에 대해 알아보겠습니다.

그림 6-1 컴포넌트로 만들어진 요소들

6.2 마스터 컴포넌트와 인스턴스

컴포넌트에는 마스터 컴포넌트(master component)와 인스턴스(instance) 두 종류가 있습니다.

마스터 컴포넌트는 최초로 생성된 컴포넌트입니다. 이름에 걸맞게 모든 인스턴스들의 마스터 역할을 하죠. 인스턴스는 마스터 컴포넌트를 복제할 때 생기는 사본을 말합니다. 이 인스턴스는 마스터 컴포넌트의 큰 틀은 그대로 유지된 채 안에 적용된 색상, 이미지, 텍스트 스타일을 별개로 입힐 수 있습니다.

마스터 컴포넌트와 인스턴스는 유기적으로 연결되어 있어 마스터 컴포넌트의 한 부분을 수정하면 자신을 복제한 모든 인스턴스들에도 똑같이 적용됩니다.

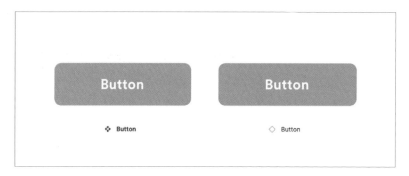

그림 6-2 마스터 컴포넌트(왼쪽)를 그대로 복사한 인스턴스(오른쪽)

마스터 컴포넌트와 인스턴스 관리 요령
의도치 않게 수정되는 것을 방지하기 위해 마스터 컴포넌트는 별도로 관리하고 필요한 곳에는 인스턴스를 사용해 디자인하는 게 좋습니다.

6.3 컴포넌트로 리스트 디자인하기

컴포넌트는 특히 리스트 페이지를 제작할 때 활용도가 높습니다. 하나의 카드를 컴포넌트로 만들고 복제한 인스턴스들을 수정해 주면 금세 리스트 페이지를 완성할 수 있죠.

이제 본격적으로 쿠킹 클래스 정보가 담긴 웹페이지를 만들면서 컴포넌트의 특성을 이해하고, 마스터 컴포넌트와 인스턴스를 사용해 보도록 하겠습니다.

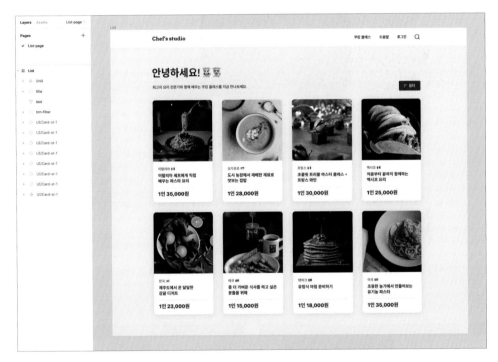

그림 6-3 컴포넌트로 만든 쿠킹 클래스 리스트

SHORTCUT

컴포넌트 생성
단축키:
[cmd+opt+K]
[ctrl+alt+K]

마스터 컴포넌트 만들기

그림 6-3을 보면 여러 카드가 비슷한 모습으로 사용되고 있습니다. 이 카드들을 컴포넌트로 만들 겁니다. [예제 파일 6장 6-1]에서 UI/Card 레이어를 선택한 다음 상단 툴바 중앙의 Create Component를 클릭합니다. 또는

마우스 오른쪽 버튼을 클릭해 Create Component를 선택해 줍니다. 이렇게 최초로 생성된 컴포넌트는 마스터 컴포넌트가 됩니다.

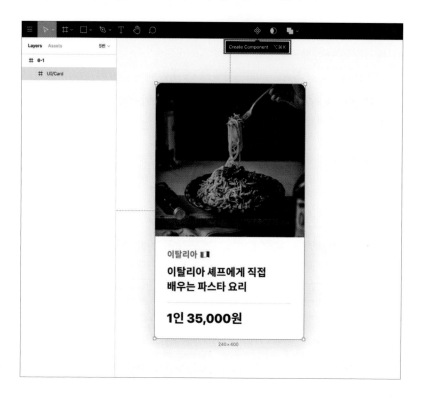

요소가 마스터 컴포넌트로 변경되면 레이어의 아이콘은 💠으로 바뀝니다.

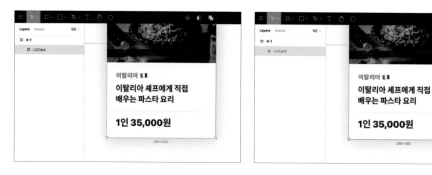

그림 6-4 컴포넌트 변경 전(왼쪽)과 컴포넌트 변경 후(오른쪽)

컴포넌트명 효율적으로 짓기

컴포넌트명에 요소의 성격과 상태 등을 기입해 슬래시로 구분 짓습니다. 슬래시 이전의 네이밍은 하나의 폴더가 되어 컴포넌트로 자동으로 묶입니다. 예를 들어 UI/Button/Color/Primary가 네이밍이라면 UI, Button, Color가 각각 폴더가 되고, 컴포넌트가 자동으로 묶입니다. 이렇게 컴포넌트들을 구조화하면 레이어 패널의 Assets 창에서 찾기가 수월하고, 체계적으로 관리할 수도 있습니다.

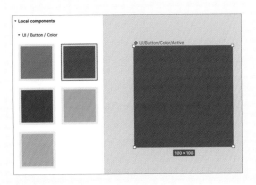

인스턴스 만들기

리스트 페이지를 완성하려면 카드가 더 필요합니다. 카드를 추가로 만들면서 인스턴스를 사용해 보겠습니다.

마스터 컴포넌트가 된 UI/Card 레이어를 복사 후 붙여넣기 하거나, [opt][alt]를 누른 상태에서 드래그 앤 드롭해 인스턴스를 만들어 줍니다.

마스터 컴포넌트를 제외한 나머지 사본은 모두 인스턴스가 됩니다. 마스터 컴포넌트의 아이콘은 ❖, 인스턴스의 아이콘은 ◇입니다.

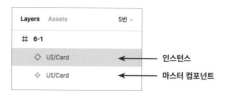

인스턴스 수정하기

인스턴스는 마스터에서 복사한 모양을 그대로 유지한 채 텍스트, 색상, 효과 등을 수정할 수 있는데, 이 수정하는 작업을 오버라이드(override)라고 합니다. 인스턴스를 오버라이드해 '싱가포르 쿠킹 클래스' 카드를 만들어 보겠습니다.

텍스트 변경하기

카드의 텍스트부터 수정해 보겠습니다.

1. '이탈리아' 텍스트 영역을 더블 클릭합니다. 텍스트 영역이 수정 모드로 바뀌면 '싱가포르'로 수정해 주세요.

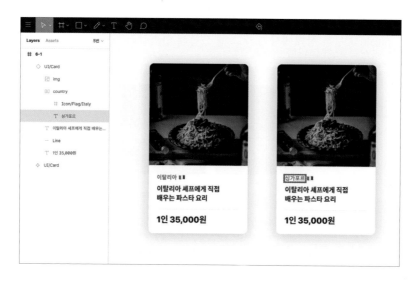

2. 같은 과정을 거쳐 '이탈리아 셰프에게 직접 배우는 파스타 요리'를 '도 시 농장에서 재배한 재료로 맛보는 집밥'으로, 아래 '1인 35,000원'을 '1 인 28,000원'으로 변경해 줍니다.

이미지 변경하기

대표 이미지도 싱가포르 요리에 맞게 변경해 줘야 합니다. 이번엔 이미지를 변경해 보겠습니다.

1. 파스타 이미지를 더블 클릭합니다. 이미지 패널이 열리면 'Choose Image'를 클릭합니다. 파일 팝업창이 뜨면 [이미지 파일 6-1.png]를 선택해 이미지를 변경합니다.

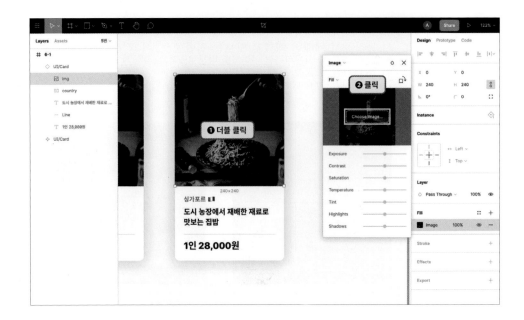

2. '싱가포르' 오른쪽에 작게 달린 국기 이미지는 [이미지 파일 6-2.png]로
   바꿔볼 텐데요. 국기 이미지는 프레임에 이미지가 입혀 있으므로 Fill
   패널에서 'image'를 클릭해 변경합니다. 그럼 이제 완벽한 싱가포르
   쿠킹 클래스 리스트가 됩니다.

이미지를 다운로드하지 않고, 웹에서 직접 복사해 붙여넣기

웹에 있는 이미지를 사용하려면 이미지를 다운로드하고, 작업 파일에 불러와야 합니다. 그런데 피그마에서는 훨씬 더 간단한 방법을 제공합니다. 웹사이트에서 괜찮은 이미지를 찾으면 복사한 뒤, 넣고 싶은 곳에 붙여넣기만 하면 되죠. 더 놀라운 건 웹에서 이미지를 드래그 앤 드롭해 넣을 수도 있다는 사실!

색상 변경하기

이번에는 텍스트 색상을 변경해 보겠습니다. 검은색으로 된 가격을 붉은색으로 변경해 할인된 가격으로 표현해 보겠습니다.

1. 텍스트 영역을 더블 클릭해 '28,000원'을 블록 지정해 줍니다.

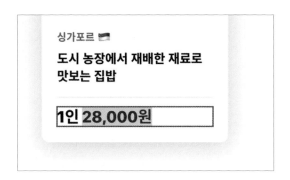

2. 우측 메뉴의 색상 팔레트를 열어 원하는 색상을 선택해 줍니다. hex 값으로 넣을 경우 'FF5252'를 입력합니다.

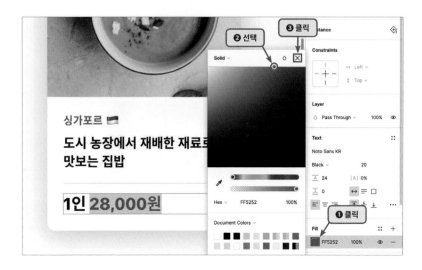

3. 좀 더 명확하게 할인을 표시하고 싶으신 분들은 앞에서 배운 내용을 토대로 '10%' 할인 배지도 달아 보세요.

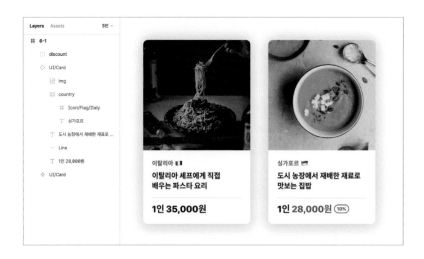

인스턴스 오버라이드 범위

인스턴스를 오버라이드해 훨씬 다채로운 결과물을 만들 수 있게 되었네요. 그런데 인스턴스는 오버라이드 가능한 부분이 정해져 있습니다. 따라서 수정 범위를 고려해 컴포넌트를 제작하는 것이 좋습니다.

- **오버라이드 가능한 것**: 오토 레이아웃, 투명도, 텍스트, 색상, 선, 그림자 효과
- **오버라이드 불가능한 것**: 레이어 정렬, 위치, 크기, 컨스트레인트

인스턴스 교체하기

앞서 만든 쿠킹 클래스의 국기 아이콘처럼 모양이 비슷한 요소들은 컴포넌트로 만들면, 인스턴스 간에 교체가 가능해져 작업 효율을 높일 수 있고, 리소스 관리도 수월해집니다.

이번에는 인스턴스를 교체하는 방법을 살펴보겠습니다. 인스턴스를 교체하는 방법에는 '인스턴스 메뉴에서 교체하는 방법'과 'Assets 창에서 교체하는 방법'이 있습니다. 이 두 가지 방법 중 하나를 선택해 실습하면 됩니다. 인스턴스 교체에 앞서 여러 아이콘을 한꺼번에 컴포넌트로 생성하는 법을 먼저 다루겠습니다.

컴포넌트 한꺼번에 생성하기

인스턴스를 교체할 대상들은 모두 컴포넌트가 되어야 합니다. 피그마에는 컴포넌트 여러 개를 한꺼번에 생성할 수 있는 기능이 있습니다. [예제 파일 6장 6-2]에서 국기 아이콘들을 컴포넌트로 만들어 보세요.

1. icon-flags 프레임 안의 아이콘들을 모두 선택합니다.

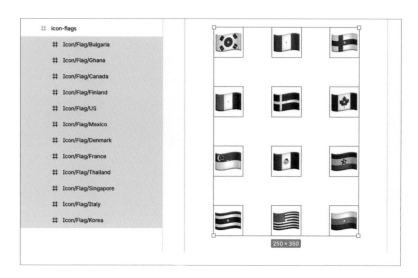

2. 툴바의 Components 메뉴 옆 화살표를 클릭합니다. 클릭한 뒤 나오는
   메뉴에서 'Create Multiple Components'를 선택합니다. 이제 모든 요
   소가 컴포넌트로 변경되었습니다.

인스턴스 메뉴에서 교체하기

이번에는 인스턴스 메뉴에서 인스턴스를 교체하는 방법을 알아봅니다.
Assets 창을 이용하고 싶다면 이 부분을 건너 뛰고 'Assets 창에서 교체하
기'에서 실습해 주세요.

1. [예제 파일 6장 6-2]에는 이탈리아 옆에 국기가 태극기 아이콘으로 들어 있습니다. 이를 이탈리아 국기로 변경해 보겠습니다. Icon/Flag/Korea 레이어를 클릭합니다. 그리고 속성 패널의 'Instance'에서 'Korea'를 선택해 줍니다.

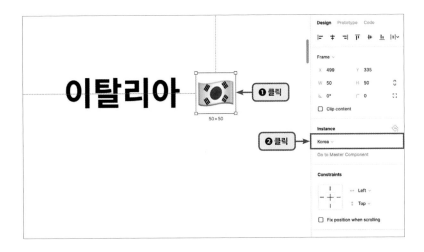

2. Related components 메뉴 안에 들어 있는 'Italy'를 선택해 인스턴스를 교체해 줍니다.

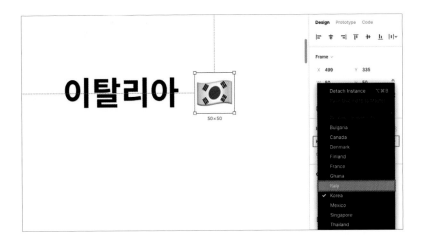

3. 한국 국기가 이탈리아 국기로 변경되었습니다!

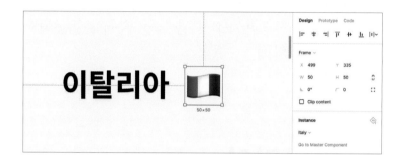

Assets 창에서 교체하기

Assets 창에서 인스턴스를 교체하는 방법을 알아봅니다. '인스턴스 메뉴에서 교체하기'를 따라 했다면, 이 부분은 건너뜁니다.

1. 레이어 패널의 Layers 옆 Assets 탭을 클릭합니다. Assets 탭에는 생성했던 모든 컴포넌트가 담깁니다. 이탈리아 국기 컴포넌트를 클릭한 뒤, [opt+cmd][alt+ctrl]을 누른 상태에서 드래그해 교체할 인스턴스에 드롭합니다.

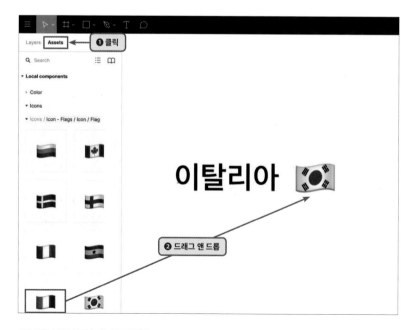

2. 한국 국기가 이탈리아 국기로 변경되었습니다!

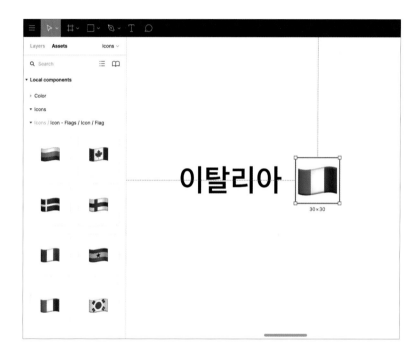

인스턴스 해제하기

더 이상 마스터 컴포넌트의 영향을 받고 싶지 않다면 인스턴스를 해제하면 됩니다. 오버라이드 가능하지 않은 부분을 수정하고 싶을 때도 인스턴스 해제한 뒤, 수정하는 것도 하나의 방법입니다.

인스턴스 메뉴에서 해제하기

앞에서 만든 싱가포르 쿠킹 클래스의 인스턴스로 돌아옵시다. Instance
패널에서 'Card'를 클릭합니다. 그리고 Detach Instance를 클릭해 인스턴
스를 해제합니다.

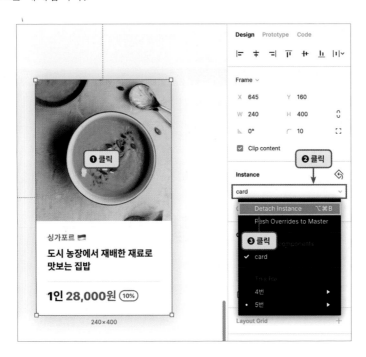

마우스 오른쪽 버튼을 클릭해서 해제하기

해제할 인스턴스를 선택한 후, 마우스 오른쪽 버튼을 클릭합니다. 메뉴에서 Detach Instance를 클릭합니다.

오토 레이아웃 사용하기

7.1 오토 레이아웃 알아보기

같은 스타일의 버튼을 여러 개 만드는 상황을 가정해 보겠습니다. 텍스트의 길이가 다를 경우 감싸고 있는 도형의 상하좌우 여백을 직접 재조정해야 합니다. 괴로운 건 버튼마다 이 과정을 반복해야 한다는 거죠. 이때 오토 레이아웃(auto layout)을 사용하면 편리합니다. 그림 7-1의 오른쪽 버튼들처럼 텍스트의 길이에 따라 도형의 크기도 유동적으로 변하는 버튼을 아주 쉽게 만들 수 있습니다.

오토 레이아웃은 버튼뿐만 아니라 리스트, 팝업 등 안에 들어간 콘텐츠에 따라 유연하게 레이아웃이 바뀌어야 할 모든 곳에 적용할 수 있습니다. 이번에는 오토 레이아웃의 예제로 딱 좋은 뉴스피드 헤더를 만들어 보며 사용법을 익혀 보겠습니다.

그림 7-1 일반 레이아웃으로 만든 버튼(왼쪽)과 오토 레이아웃으로 만든 버튼(오른쪽)

7.2 오토 레이아웃으로 뉴스피드 헤더 디자인하기

보통 헤더에는 여러 메뉴들이 들어 있는데요. 오토 레이아웃을 적용하면 메뉴의 길이에 따라 다른 메뉴들의 위치도 자동으로 보정되기 때문에, 아주 쉽게 헤더를 디자인할 수 있습니다.

이 주옥 같은 오토 레이아웃을 어떻게 추가하고 사용하면 좋을지 본격적으로 알아보겠습니다.

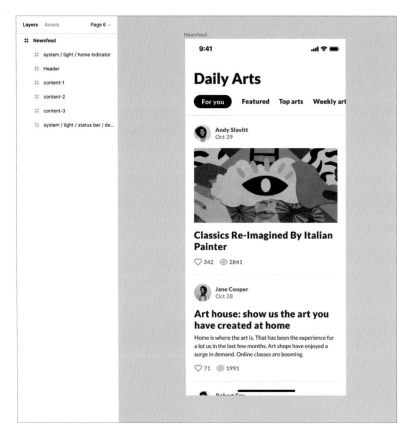

그림 7-2 오토 레이아웃을 활용해 만든 뉴스피드

오토 레이아웃 사용하기

For you, Feature, Top arts 등의 탭은 디자인은 같되, 텍스트 길이에 따라 가로폭이 달라져야 합니다. 그중에서 맨 앞 'For you' 탭은 다른 탭들과 모양이 다르게 도형으로 감싸져 있는데요. 텍스트가 길어지면 이 도형도 함께 길어져야 합니다. 그렇기에 [예제 파일 7장 7-1]의 'For you' 탭에 먼저 오토 레이아웃 기능을 추가해 보겠습니다.

1. 7-1 프레임 안에 있는 tab-active 레이어 그룹을 선택합니다.

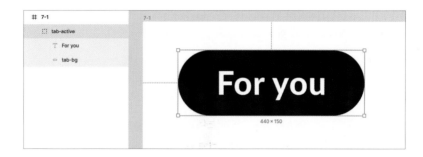

2. 마우스 오른쪽 버튼을 클릭해 'Add Auto Layout' 메뉴를 누르거나, Auto Layout 패널의 ➕를 클릭해 오토 레이아웃을 적용해 주세요.

3. 오토 레이아웃이 적용되면 왼쪽 레이어 패널에서 tab-active는 프레임 아이콘에서 직사각형 두 개의 오토 레이아웃 아이콘으로 변경될 거예요.

SHORTCUT
오토 레이아웃 추가
단축키: [shift+A]

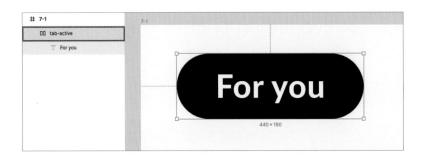

Q. 레이어 패널에 있던 **tab-bg** 레이어가 없어졌습니다!

A. 그룹이 오토 레이아웃으로 변경되면서 tab-bg의 속성은 모두 tab-active 레이어에 옮겨졌기 때문에 tab-bg는 없어지는데요. 따라서 'For you'의 상하좌우 여백을 tab-active 레이어에서 조정할 수 있게 되고, 글자 길이에 따라 도형의 크기도 유동적으로 변하게 됩니다.

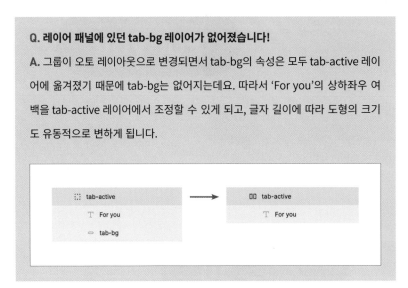

오토 레이아웃 중첩해 사용하기

이제는 'For you' 탭 길이에 따라 옆에 있는 'Featured, Top arts, Weekly arts' 탭들의 위치도 자동으로 보정되도록 해 보겠습니다. 방법은 간단합니다. 'For you' 탭과 다른 탭들을 한꺼번에 선택해 오토 레이아웃을 적용하면 됩니다.

1. 'For you' 탭을 클릭한 뒤, [shift]를 누른 채로 다른 탭들도 함께 선택해 줍니다. 그 다음 Auto Layout 패널의 + 를 클릭해 오토 레이아웃을 추가해 줍니다.

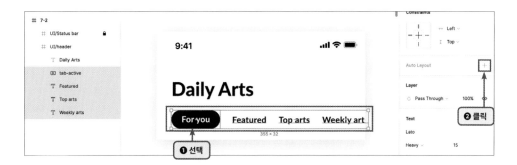

2. 그럼 탭 길이에 따라 위치가 유동적으로 변하게 되는데요. 'For you'를 'For your art'로 수정해 확인해 보세요.

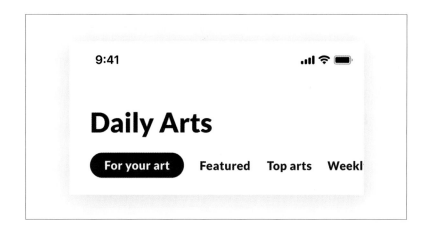

Q. 오토 레이아웃을 추가하니까, 다른 탭들이 위로 정렬됐어요!

A. 이때는 정렬을 이용해 오토 레이아웃을 적용한 속성들의 위치를 조정해주면 됩니다. 'For your art'와 다른 탭들이 세로 중앙 정렬 되도록 해보겠습니다. 앞에서 추가한 오토레이아웃 프레임을 먼저 선택한 뒤, 오토 레이아웃 패널의 가장 오른쪽의 ☰을 클릭합니다. 팝업이 뜨면 왼쪽(가로) 중앙(세로) 정렬 버튼인 ▥를 선택합니다.

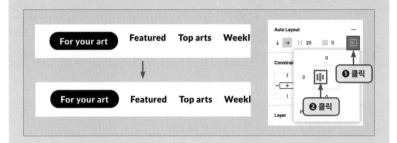

참고로 팝업 아래에 보이는 'Packed'는 오토 레이아웃 정렬의 기본 옵션입니다. 상단 왼쪽, 왼쪽 중앙, 하단 오른쪽 등 선택한 정렬에 따라 요소들이 쌓이도록 설정할 수 있습니다. 'packed'를 클릭하면 나오는 'Space between'은 오토 레이아웃 프레임의 너비나 높이에 맞춰 요소들의 간격이 자동으로 벌어지도록 설정하는 옵션입니다.

오토 레이아웃 수정하기

오토 레이아웃을 중첩해 사용하더라도 'For you' 탭과 다른 탭들의 여백, 스타일은 각각 설정할 수 있습니다. 이번에는 오토 레이아웃의 모양을 다듬어 보겠습니다. 속성 패널에서 기능을 하나씩 적용해 보면서 탭 디자인을 수정합니다.

여백 수정하기

'For you' 탭에서 텍스트와 도형과의 상하좌우 여백뿐만 아니라, 'For you'와 'Featured' 탭 간의 간격도 간단하게 수정할 수 있습니다.

1. 먼저 'Foryou' 탭의 상하 좌우 여백을 조정해 보겠습니다. 오토 레이아웃을 추가한 'For you' 탭을 선택합니다. Auto Layout 패널에서 여백란에 '4,12'를 입력해 상하 여백을 4로, 좌우 여백을 12로 설정합니다.

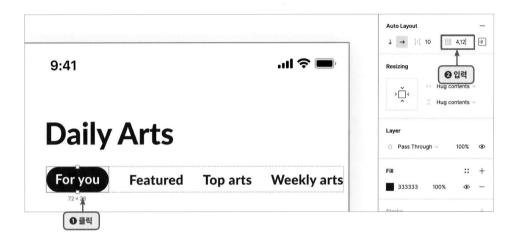

2. Auto Layout 패널에서 아이템 사이 여백란에 20을 '14'로 수정해줍니다.

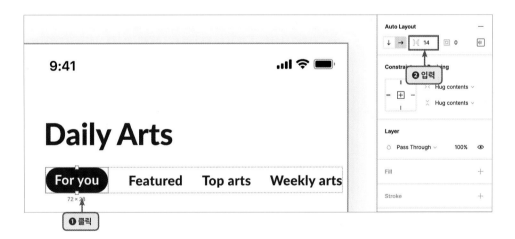

3. 'Weekly arts'의 오른쪽 여백이 보기 좋게 생겼습니다. 일일이 텍스트를 옆으로 옮겨 가며 수정했던 여백을 오토 레이아웃을 사용해 좀 더 편하게 조정할 수 있게 되었습니다.

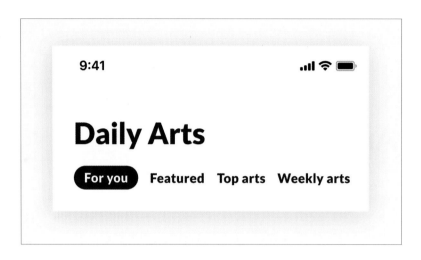

그룹 안 요소 선택하기

작업을 하다 보면 그룹 안에 그룹을 만들고 그 안에 또 그룹을 만들게 되는 일이 빈번한데요. 그렇게 되면 요소 하나를 선택하는 일도 쉽지 않습니다. 보통은 원하는 요소를 선택할 수 있을 때까지 더블 클릭해 그룹 안으로 들어가야 합니다. 이때 [cmd][ctrl]을 누른 상태에서 요소를 클릭해 보세요. 그럼 그룹에 상관없이 요소를 바로 선택할 수 있게 됩니다.

순서 변경하기

오토 레이아웃이 되면 구성 요소들끼리의 순서도 간편하게 변경할 수 있습니다. 길이에 따라 각 메뉴의 위치를 자동으로 보정해 주는 것도 훌륭한데, 요소들의 순서도 수월하게 바꿀 수 있다니 피그마의 매력은 끝이 없네요!

'Featured' 탭과 'Top arts' 탭의 위치를 서로 변경해 볼게요. 'Featured' 탭을 'Top arts' 탭이 있는 위치로 드래그 앤 드롭해 순서를 변경합니다. 간단하죠? 더 놀라운 건 'Featured'를 키보드 방향키로도 이동시킬 수 있다는 겁니다. 'Featured' 탭을 선택한 후 좌우 방향키를 눌러 보세요.

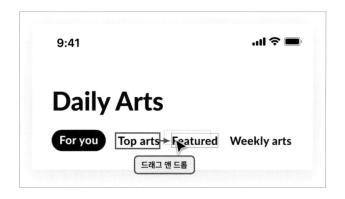

아이콘 추가하기

기존에 설정한 여백이나 스타일은 유지한 채 새로운 요소도 자유자재로 추가할 수 있습니다.

1. 'For you' 텍스트 옆에 아이콘을 넣어 보겠습니다. UI/Header 레이어 옆에 있는 하트 아이콘 Icon/Heart 레이어를 선택합니다.

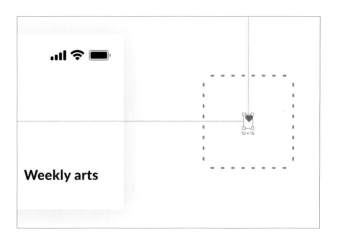

2. 'For you' 텍스트 오른쪽 공간에 드래그 앤 드롭합니다. 그러면 하트 크기에 맞게 자동으로 여백이 조정됩니다.

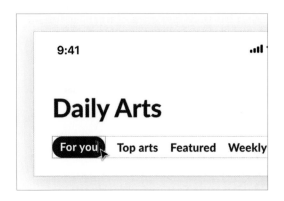

3. 'For you' 텍스트와 아이콘의 사이가 멀 경우, 'For you' 탭을 선택하고 Auto Layout 패널에서 요소 간 간격을 '10'에서 '0'으로 설정해 주세요.

4. 'For you' 탭에 아이콘이 추가됐습니다. 한결 따뜻해진 것 같죠?

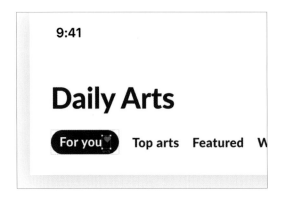

추가하려는 아이콘이 영역보다 큰 경우

아이콘 크기와 아이콘이 추가될 영역의 크기가 비슷할 경우 드래그 앤 드롭해 바로
추가할 수 있지만, 아이콘의 크기가 추가될 영역보다 클 경우 [cmd][ctrl]을 누른 상
태에서 드래그 앤 드롭해야 합니다.

스타일 수정하기

오토 레이아웃도 일반 요소들처럼 스타일을 수정할 수 있는데요. 속성 패
널에서 여러 스타일을 적용해 보며 탭에 다른 옷을 입혀보겠습니다.

1. 먼저 'For you' 탭을 좀 더 사각형에 가깝게 만들어 보겠습니다. 'For
   you' 탭을 선택하고, 라운드 값을 '4'로 수정해 줍니다.

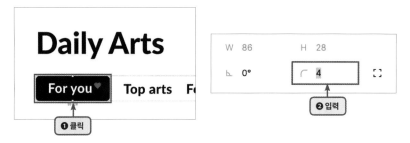

2. 이번에는 탭 전체 색상을 바꿔볼 겁니다. 먼저 텍스트 색상입니다.
   'For you' 텍스트를 선택한 후 Fill 패널에서 색상 값을 '333'으로 수정합
   니다.

3. 이젠 탭 도형의 색상을 변경하겠습니다. 'For you' 탭을 선택한 뒤, Fill
   패널에서 색상 값을 'fff'로 수정합니다.

4. 마지막으로 그림자 효과를 넣어 보겠습니다. 'For you' 탭을 선택하고
   Effects 패널에서 ⊞를 클릭합니다. Drop Shadow 효과가 추가되면
   아이콘을 다시 한 번 클릭해 준 뒤, Blur에 '20', Opacity에 '15%'를 입력
   합니다.

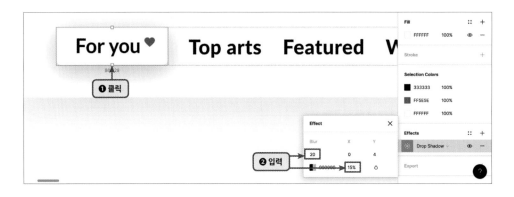

5. 'For you' 탭의 스타일이 수정되었습니다. 이처럼 오토 레이아웃을 적
   용하더라도 기존처럼 자유롭게 스타일을 수정할 수 있습니다.

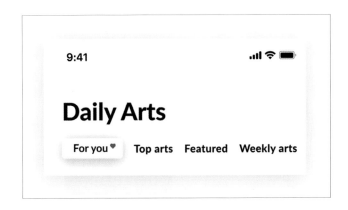

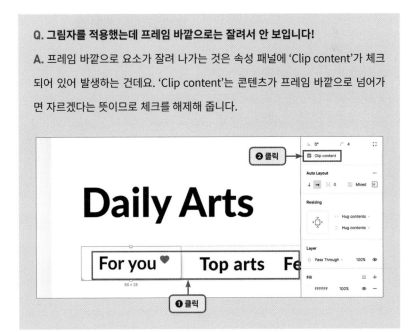

오토 레이아웃 해제하기

요소 추가와 삭제가 쉬워 오토 레이아웃을 해제할 경우는 많지 않지만, 레이아웃을 크게 변경해야 할 경우 해제하기도 합니다. 마우스 오른쪽 버튼을 클릭해 'Remove Auto Layout'을 클릭하면 됩니다.

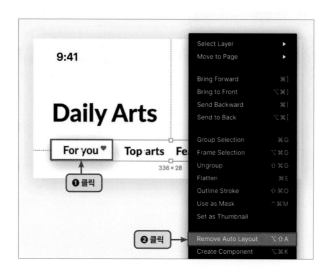

오토 레이아웃 안 요소 삭제하듯 숨기기

삭제하듯 숨기기가 어떤 건지 궁금하실 거예요. 보편적으로 레이어의 눈을 끄면 투명도만 낮아진 것처럼 공간을 차지한 채 사라지지만, 오토 레이아웃 안 요소의 눈을 끄면 마치 레이어를 삭제한 것처럼 공간을 차지하지 않고 사라집니다. 요소를 다른 곳에 임시로 갖다 놓을 필요 없이 눈만 껐다 키면 알아서 레이아웃을 구성해 주니 정말 편합니다.

공간을 차지한 채 없애고 싶을 때도 방법은 있습니다. 투명도를 낮추면 됩니다. Layer 패널에서 투명도를 0%로 조정해 주거나 숫자키 0을 연속으로 두 번 눌러 조정할 수 있습니다.

컨스트레인트 사용하기

8.1 컨스트레인트 알아보기

다양한 디바이스에서 레이아웃이 온전히 잘 보이게 하려면 화면 크기별 대응은 필수입니다. 유입률이 높은 화면 크기에 맞춰 시안을 제작하는 것도 좋은 방법이지만 해상도 종류가 점점 다양해지는 요즘, 좀 더 효율적인 작업 방식이 필요합니다.

컨스트레인트(constraint) 기능을 활용하면 한 벌의 레이아웃으로 프레임만 늘려 화면 크기별 시안을 손쉽게 확인해 볼 수 있고, 개발팀도 참고할 수 있어 커뮤니케이션 비용이 줄어듭니다.

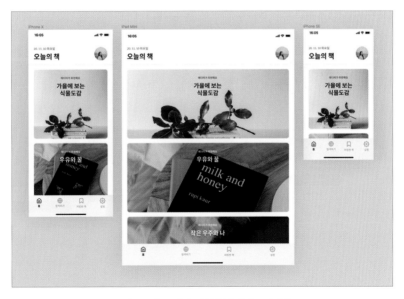

그림 8-1 컨스트레인트를 활용한 화면 크기 대응

컨스트레인트를 우리말로 '제약, 통제'라 하는데요. 컨스트레인트를 사용해 프레임의 크기에 따라 구성 요소들의 위치와 크기를 인위적으로 통제할 수 있습니다. 예를 들어 프레임의 크기가 커질 때 구성 요소의 너비도 같이 늘리거나, 왼쪽이나 오른쪽 혹은 중앙으로 위치를 고정해 줄 수도 있죠. 이번에는 컨스트레인트를 사용해 프레임 너비에 따라 유동적으로 변하는 레이아웃을 만들어 보겠습니다.

가변영역과 고정영역 이해하기

컨스트레인트는 어떤 값을 설정하느냐에 따라 그림 8-2처럼 다양한 화면이 나올 수 있습니다. 그러므로 컨스트레인트를 적용하기 전, 화면의 가변영역과 고정영역을 고려해 레이아웃을 머릿속에 대략적으로 그려 보는 것이 좋습니다. 여기서 가변영역은 크기나 위치가 유동적으로 변동되는 영역이고, 고정영역은 말 그대로 일정 값으로 고정시키는 영역을 말합니다.

그림 8-2의 왼쪽, 중앙 화면의 하단 버튼과 맨 오른쪽 화면의 버튼이 다른 것처럼 크기가 가변인지 고정인지에 따라 개발자가 해야 하는 작업이 달라지므로 이 개념들은 꼭 알아 두는 게 좋습니다.

그림 8-2 컨스트레인트 설정 값에 따라 달라지는 레이아웃

[예제 파일 8장 8-1] 실습을 시작하기에 앞서 이 화면에서도 가변영역과 고정영역을 지정해 줘야 합니다. 그림 8-3의 ❶~❺번은 고정영역으로 두고 나머지 초록색으로 칠해진 곳을 가변영역으로 하겠습니다. 그러면 프레임 너비가 옆으로 쭈욱 늘어나도 ❶, ❷번은 양쪽 모서리에, ❸~❺번은 크기, 위치 변화 없이 중앙 그대로 놓일 테고, 나머지는 크기가 변하게 됩니다.

그림 8-3 보라색 고정영역과 초록색 가변영역

8.2 컨스트레인트 로그인 화면에 적용하기

로그인 화면은 서비스 첫인상에 크게 영향을 주기 때문에 디바이스별로 어떻게 레이아웃을 구성할지 많은 고민이 필요합니다. 여기서는 아이폰X 화면 크기로 제작한 로그인 화면에 컨스트레인트를 적용해, 아이패드 미니에서도 보기에 적절하도록 만들어 보겠습니다.

그림 8-4 아이폰X 레이아웃(왼쪽)과 아이패드 미니 레이아웃(오른쪽)

컨스트레인트 사용하기

로그인 화면의 윗부분부터 차례대로 컨스트레인트를 사용해 아이패드 미니 화면 크기에 대응해 보겠습니다.

참고로 컨스트레인트는 적용할 요소가 프레임 안에 들어가 있어야 하므로, 프레임을 선택해 컨스트레인트를 적용해 주세요.

왼쪽, 오른쪽, 혹은 좌우에 고정하기

최상단 상태 바의 경우 화면 크기가 커져도 중앙 여백만 늘어날 뿐 시계는 왼쪽에, 배터리와 와이파이를 표시하는 부분은 오른쪽에 고정되어야 합니다. 상태 바에 컨스트레인트를 적용해 보겠습니다.

1. 시계부터 왼쪽 상단에 고정해 볼게요. [예제 파일 8장 8-1]의 UI/Status bar 안의 Time 레이어를 선택합니다.

2. Constraints 패널에서 가로 설정은 'Left'로, 세로 설정은 'Top'으로 선택해 주세요. 이렇게 하면 Time 레이어를 감싸고 있는 UI/Status bar를 기준으로 항상 왼쪽에 놓이게 됩니다.

3. 오른쪽 레이어도 설정해 볼게요. Wifi 레이어를 선택해 가로는 'Right' 세로는 'Top'으로 설정해 우측 상단에 고정해 줍니다.

4. Time, Wifi 레이어를 감싸고 있는 UI/Status bar에는 가로는 'Left& Right'로, 세로는 'Top'으로 설정해 주세요. 그래야 화면 크기가 커지면 UI/Status bar도 함께 양쪽으로 커져 Time, Wifi 레이어의 위치에도 영향을 주기 때문이죠.

화면 크기에 따라 변하게 하기

그림 8-4의 '원하는 스타일을 찾아보세요.' 문구와 배경이 포함된 타이틀 영역 또한 가로, 세로 너비를 모두 유동적으로 만들려고 합니다. 이 점을 고려해 타이틀 영역에도 컨스트레인트를 적용해 볼게요.

1. 먼저 타이틀 영역 안에서 아이콘과 타이틀 문구가 있는 title-group 레이어를 UI/Title 레이어 기준으로 가로, 세로 중앙에 고정해 줘야 합니다. 그래야 변화가 생기더라도 언제나 중앙에 놓이기 때문이죠. title-group 레이어를 선택한 뒤, Constraints 패널의 가로, 세로 설정을 모두 'Center'로 선택해 주세요.

2. 화면 하단에 있는 indicator 레이어는 UI/Title 레이어 기준 중앙, 하단에 있어야 하므로 가로는 'Center' 세로는 'Bottom'으로 설정합니다.

3. 마지막으로, UI/Title 레이어에는 가로는 'Left&Right'로, 세로를 'Top&Bottom'으로 설정해 주세요. 이렇게 하면 화면 크기에 따라 가로는 꽉 채워진 채 변하고, 세로로는 아래 UI/Login 레이어 높이를 제외한 나머지 영역에서 자유롭게 변하게 됩니다.

고정과 가변 섞어 사용하기

로그인 영역에도 마저 컨스트레인트를 사용해 보겠습니다. 로그인 영역은 화면 크기가 커질 때 가로 너비는 같이 늘어나지만 세로 높이는 고정된 채, 화면 하단에 위치해야 하는 점을 고려해 컨스트레인트를 적용해 보겠습니다.

1. UI/Login 레이어 안에 있는 텍스트와 버튼들은 크기 변화 없이 가로 중앙에 놓여야 합니다. 로그인, 버튼 레이아웃들, '이메일을 잊으셨어요?'를 모두 선택한 뒤, 가로를 'Center'로 세로를 'Top'으로 설정해 주세요. 로그인 영역의 높이는 변화가 없으므로 세로를 'Top'으로 해도, 'Bottom'으로 해도 됩니다.

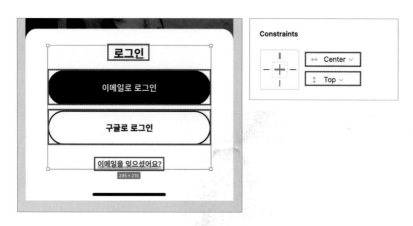

2. 이제 UI/Login 레이어의 컨스트레인트를 설정해 줘야 합니다. 로그인 영역 역시 타이틀 영역처럼 화면 크기가 커졌을 때 가로로 같이 커져야 하므로, 'Left&Right'로 가로 설정을 해 주세요. 세로는 'Bottom'으로 선택해 화면 크기가 커지더라도 높이는 변화하지 않고 화면 하단에 고정합니다.

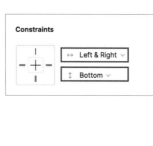

타이틀, 로그인 영역을 비율대로 늘이기

앞 예제에서는 타이틀 영역의 높이를 가변으로, 로그인 영역은 고정으로 설정했죠? 그런데 어느 한쪽을 고정하는 것이 아닌 비율대로 줄어들고 늘어나게 하고 싶다면 UI/Title과 UI/Login 레이어의 Constraints 패널에서 세로 설정을 'Scale'로 하면 됩니다. 그림 8-5는 세로를 6:4로 설정한 시안입니다. 이렇게 하면 크기가 달라져도 비율은 유지됩니다.

그림 8-5 비율대로 늘어나게 설정한 레이아웃

Q. 프레임 크기만 줄이고 싶은데 컨스트레인트 때문에 다른 요소들에도 영향이 갑니다!

A. 컨스트레인트를 무시하고 프레임 크기를 줄이려면 [cmd][ctrl]을 누른 채 줄이면 됩니다.

화면 크기 변경하기

컨스트레인트 적용이 끝났습니다! 한숨 돌리고 이제 아이패드 미니의 화면 크기에서도 로그인 화면이 잘 보이는지 확인해 보죠. 프레임을 다른 화면 크기로 변경하는 건 아주 간단합니다.

1. 컨스트레인트를 적용한 [예제 파일 8장 8-1] 프레임을 선택한 뒤, 속성 패널에서 'Frame'을 클릭합니다.

2. 목록에서 iPad mini 화면 크기를 선택해 주세요. 프레임 크기는 직접 드래그해 늘릴 수도 있습니다.

짜잔! 아이패드 미니에서도 로그인 화면이 적절히 잘 나오고 있네요. 이렇게 컨스트레인트를 적용하면 여러 디바이스에 쉽게 대응할 수 있습니다.

그림 8-6 아이패드 미니 로그인 화면

레이아웃 그리드 사용하기

9.1 레이아웃 그리드 알아보기

웹이나 앱 화면 안에는 무수한 질서가 존재합니다. 피그마의 레이아웃 그리드(Layout Grid)는 프레임에 격자를 그려 넣어 이러한 질서를 보다 체계적으로 잡을 수 있도록 도와주는데요. 최소한의 조건만 입력하면 알아서 계산해 자동으로 그리드를 나타내 주고, 설정을 저장해 다음에도 쓸 수 있으며 다른 형태의 그리드와도 중첩해 사용할 수 있습니다. 그리드를 잘 활용하면 여백과 정렬이 일관성을 가지게 되어 레이아웃이 정돈되어 보이고, 규칙에 맞춰 유지보수하는 것도 수월해집니다.

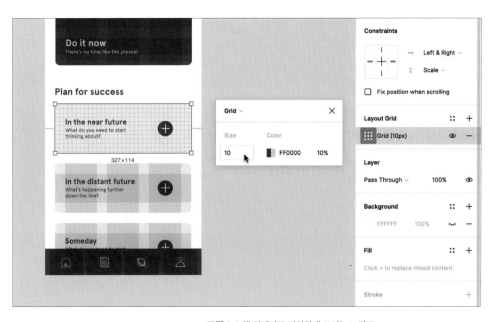

그림 9-1 앱 안에서도 다양하게 쓰이는 그리드

9.2 그리드 시스템 용어 이해하기

본격적으로 예제에 들어가기 앞서 그리드와 관련된 개념들을 먼저 이해해 보겠습니다.

그리드를 여러 화면에서 일정하게 쓰기 위해 만든 규칙은 그리드 시스템(Grid System)이라고 부릅니다. 이 그리드 시스템에는 알아 두면 도움될 몇 가지 개념이 있습니다. 와이어프레이밍할 때도, 디자인할 때에도, 또 이번에 레이아웃 그리드 기능을 사용할 때에도 쓰이는 개념들입니다.

❶ 그리드(Grid): 바둑판과 같이 일정한 간격으로 구획을 나누는 것을 말합니다. 디자인할 때 쓰이는 요소들을 이 가이드라인에 맞춰 나열한다고 생각하면 됩니다.

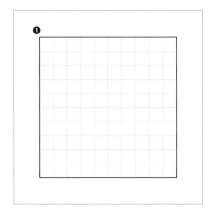

❷ 컬럼(Column): 세로 열을 뜻합니다. 웹사이트를 디자인할 때는 보편적으로 12, 14, 16 컬럼이 쓰입니다.

❸ 로(Row): 가로 행을 뜻합니다.

❹ 마진(Margin): 그리드의 바깥 양쪽 여백입니다.

❺ 거터(Gutter): 컬럼과 컬럼, 로와 로 사이의 여백입니다.

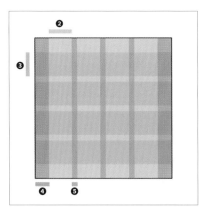

9.3 레이아웃 그리드로 스케줄러 디자인하기

앞에서 진행한 예제들은 비교적 레이아웃이 단순하고 여러 화면 크기에 대응하기에도 쉽습니다. 그런데 달력과 TODO 리스트가 함께 나오는 스케줄러는 디자이너와 개발자 모두의 고민과 협의가 필요하죠. 단순히 화면만 그려 개발팀에 전달하는 것이 아닌, 레이아웃 그리드로 요소들의 크기나 위치 가이드라인을 전달하면 개발팀은 시안을 이해하기도 쉬워져 그만큼 커뮤니케이션 비용도 줄어들 거예요.

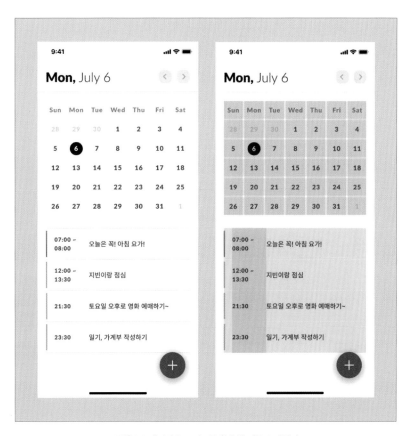

그림 9-2 레이아웃 그리드를 활용해 만든 스케줄러

레이아웃 그리드 사용하기

그림 9-2의 스케줄러는 상단 달력과 하단 TODO 리스트로 나뉘어 있는데요. 상단 달력은 레이아웃 그리드의 기본 기능을 사용해 디자인하고, 하단 TODO 리스트에는 다른 기능을 응용해 제작해 보겠습니다. [예제 파일 9장 9-1]의 달력을 만들어 봅니다. 이번에는 특별히 앞에서 배운 컨스트레인트도 적절히 사용해 예제의 완성도를 높여 봅시다.

컬럼 추가하기

한 주는 7일이니 세로로 컬럼을 7개 생성해야 합니다.

1. Calendar 프레임을 선택한 뒤, Layout Grid 패널의 ＋를 클릭해 레이아웃 그리드를 추가해 주세요.
2. 그리드 아이콘을 클릭합니다. 기본적으로는 Grid 속성이 추가되므로 컬럼을 사용하기 위해선 다른 옵션으로 변경해 줘야 합니다.
3. 상단 Grid를 클릭해 'Columns'으로 속성을 변경해 주세요. 그럼 선택한 프레임이 그리드 모양에서 컬럼으로 바뀔 거에요.
4. Count 입력란에 '7'을 입력해 컬럼의 수를 변경합니다.
5. Gutter에는 '4'를 입력해 컬럼과 컬럼 사이의 여백을 4px로 설정합니다.

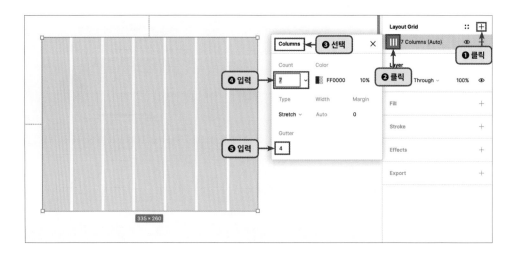

로 추가하기

레이아웃 그리드도 중첩해 사용할 수 있습니다. 이번에는 6개의 가로 행을 생성해 볼게요. 컬럼을 추가할 때 과정과 동일합니다.

1. Layout Grid 패널의 ➕를 한 번 더 눌러준 뒤, 그리드 아이콘을 클릭해 속성을 'Rows'로 변경합니다.
2. Count에는 '6'을 입력해 주세요. 레이아웃 그리드의 기본 색상은 붉은 색상인데, 좀 더 구분이 잘 되어 보이길 원하면 Count 옆 Color에서 색상을 변경해 주면 됩니다.
3. Gutter는 컬럼 사이의 여백과 같은 '4'로 입력합니다. 이제 이 그리드를 기반으로 달력을 디자인해 볼게요.

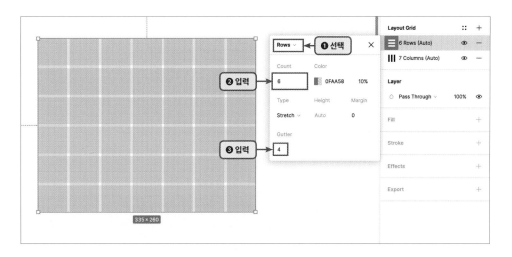

그리드 위에 디자인하기

피그마 레이아웃 그리드의 너비는 프레임 사이즈가 줄어들거나 커져도 자동으로 조정되는데요. 앞에서 배운 컨스트레인트의 원리와 비슷합니다. 앞에서 만든 그리드 위에 달력을 디자인하고 컨스트레인트도 적용해 스마트한 반응형 달력을 제작해 볼게요.

1. 일요일부터 적어 볼게요. 툴 바에서 Text 툴을 선택한 뒤, 프레임의 제일 왼쪽 첫 번째 칸의 크기에 맞춰 드래그합니다. 텍스트 입력란에 'Sun'을 기입해 주세요. 정렬 등 세부 옵션은 그림을 참고해 설정해 주세요.

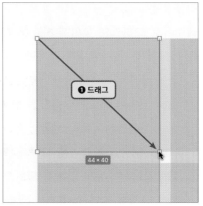

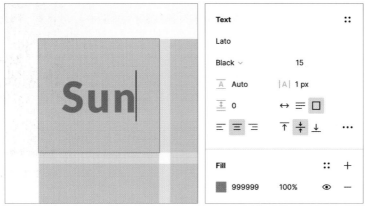

2. 나머지 요일도 추가해 보죠. 'Sun'을 클릭한 뒤, [opt][alt]를 누른 채 드래그 앤 드롭으로 복제해 주세요. 요일에 맞게 텍스트만 변경해 주면 끝! (지난 달의 날짜는 색상을 'ddd'로, 이번 달 날짜는 '666'으로 설정해 보세요.)

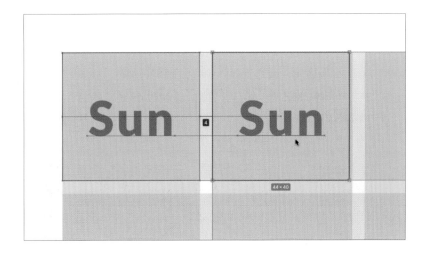

3. 마지막으로 화면 크기가 어떻든 달력이 잘 보이게 컨스트레인트를 적용해 볼게요. 만든 텍스트들을 모두 선택하고, Constraints 패널에서 'Left&Right', 'Top'으로 설정해 주세요. 가장 바깥 프레임인 Calendar 레이어에도 똑같이 적용합니다.

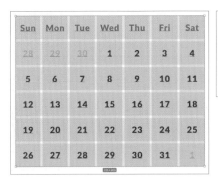

4. 컨스트레인트를 가미했더니 자유자재로 크기 변경이 가능한 달력으로 탄생했네요. 이처럼 그리드와 컨스트레인트를 적절히 활용하면 아주 유연한 레이아웃을 만들 수 있습니다. 어서 활용해 보세요!

Sun	Mon	Tue	Wed	Thu	Fri	Sat
28	29	30	1	2	3	4
5	6	7	8	9	10	11
12	13	14	15	16	17	18
19	20	21	22	23	24	25
26	27	28	29	30	31	1

Sun	Mon	Tue	Wed	Thu	Fri	Sat
28	29	30	1	2	3	4
5	6	7	8	9	10	11
12	13	14	15	16	17	18
19	20	21	22	23	24	25
26	27	28	29	30	31	1

Sun	Mon	Tue	Wed	Thu	Fri	Sat
28	29	30	1	2	3	4
5	6	7	8	9	10	11
12	13	14	15	16	17	18
19	20	21	22	23	24	25
26	27	28	29	30	31	1

Sun	Mon	Tue	Wed	Thu	Fri	Sat
28	29	30	1	2	3	4
5	6	7	8	9	10	11
12	13	14	15	16	17	18
19	20	21	22	23	24	25
26	27	28	29	30	31	1

Q. 그리드 칸마다 크기가 동일할 때도 있고 조금씩 다를 때도 있어요. 왜 그런 거죠?

A. 프레임을 사용자가 입력한 수만큼 나눌 때, 나누어 떨어지지 않는 경우가 있습니다. 예를 들어, 100px × 100px의 프레임을 3칸으로 나눌 때 각각의 칸이 33.3333px이 되는 것처럼요. 피그마는 이러한 상황에서 각 칸을 33px, 33px, 34px로 나눠 소수점 때문에 애매하게 생기는 빈 공간을 방지합니다. 크기가 조금 다르더라도, 프레임이 일정 수로 나누어졌다는 건 짐작할 수 있기 때문에 크게 문제가 되지 않을 겁니다.

레이아웃 그리드 가리기

레이아웃 그리드를 추가 후, 작업 중인 화면이 그리드에 가려 답답하다면 그리드 속성의 '눈'을 꺼 보세요. 적용한 속성을 켰다, 껐다 하면서 필요할 때만 그리드를 사용할 수 있습니다.

타입 변경하기

그림 9-2에서 TODO 리스트의 컬럼은 하나입니다. 앞에서 만든 컬럼과는 다르게 왼쪽으로 치우쳐 있고, 일정한 너비를 가지고 있는데요. 이러한 설정은 컬럼의 타입을 변경해 주면 됩니다. [예제 파일 9장 9-2]에서 TODO 리스트를 만들어 봅시다.

1. 'To-do' 레이어에서 레이아웃 그리드를 추가하고 Columns을 선택합니다.
2. Count를 1로 입력해 컬럼을 하나 만듭니다.
3. Type은 'Left'로 선택해 주세요. 그럼 프레임의 왼쪽을 기준으로 컬럼이 생성될 거예요. Width는 80으로 입력해 주세요. Offset은 컬럼이 시작되는 시점을 말합니다. 프레임의 왼쪽을 기준으로 20px 떨어뜨려 컬럼을 만들어 주세요.
4. Gutter는 1로 입력합니다. 만약 컬럼이 하나 더 생성될 경우, 첫 번째 컬럼과 1px 여백을 두고 만들어질 거예요.

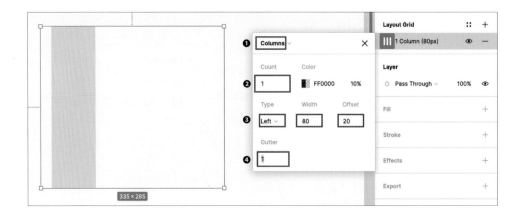

5. 로도 마저 만들어 줍니다. 로는 Count를 '4'로, Margin과 Gutter를 '1'로 설정해 TODO 리스트에서 각 리스트의 아래, 위에 선 넣을 자리를 만들어 주세요.

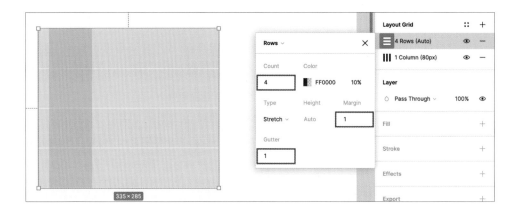

6. 그리드 설정이 모두 끝났습니다. 나머지 텍스트들은 [예제 파일 9장 9-2]의 Sample 레이어를 참고해 채워주세요.

Q. Margin과 Offset 둘 다 여백 만들 때 사용하는 것 같은데, 어떻게 다른 건 가요?

A. Margin은 프레임의 양쪽에 여백을 생성할 때 쓰이고, Offset은 한쪽 정렬을 기준으로 시작 시점에만 생기는 여백입니다. 컬럼이나 로(row)의 타입이 'Stretch' 일 때만 Margin 옵션이 나타나기 때문에 직접 사용하다 보면 헷갈리지 않을 거예요.

면이 아닌 선 컬럼 만들어 사용하기

컬럼 하나를 만들면 마진을 제외하고 색상이 채워지는데요. 화면을 덮어 답답하다면, 약간의 트릭을 써서 선으로 변경할 수 있습니다. [예제 파일 9장 9-3]에서 Count 를 '1'로 설정하고 Margin에 양쪽 여백을 입력한 뒤, Gutter를 '0'으로 입력해 보세요. 훨씬 가벼운 그리드가 되었죠?

10장

플러그인 사용하기

10.1 플러그인 알아보기

플러그인(plugin)은 쉽게 말해 확장 기능입니다. 현재 피그마에 없는 기능이나 프로세스를 단축시키는 기능 등을 담은 플러그인을 사용자들이 직접 만들어 업로드하고 있습니다. 우리는 자유롭게 그 플러그인들을 설치해 사용할 수 있고요. 플러그인만 잘 활용해도 작업 프로세스가 효율적으로 바뀌고, 작업 시간도 크게 줄어듭니다. 이번에는 피그마의 수많은 플러그인 중 유용한 몇 개를 설치해 디자인할 때 사용해 보겠습니다.

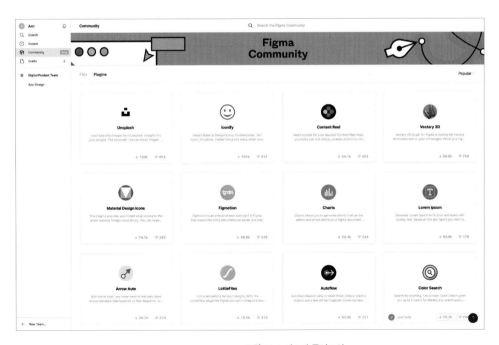

그림 10-1 피그마 플러그인

10.2 플러그인으로 연락처 디자인하기

플러그인을 사용하면 반복되고 번거로운 작업의 효율성을 높일 수 있습니다. 예를 들어 연락처 화면의 경우 레이아웃이 복잡하진 않지만 일일이 정보를 기입하면서 전체 분위기를 봐야 하기 때문에 공수가 꽤나 들어갑니다. 이번에는 글로벌하게 운영될 비즈니스 연락처 화면을 플러그인으로 간편하게 디자인해 보겠습니다.

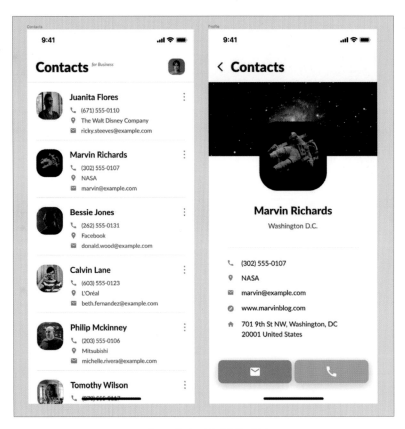

그림 10-2 플러그인을 활용한 연락처

플러그인 설치하기

Content Reel, Unsplash, Arrow Auto 플러그인을 사용해 예제를 만들 겁니다. Content Reel은 예시로 넣을 이름, 연락처 등 필요한 텍스트를 자동으로 채워주는 플러그인이고, Unsplash는 사진을 찾아주는 플러그인이며, Arrow Auto는 화면의 플로(flow)를 확인할 수 있도록 화살표를 그려 주는 플러그인입니다. 본격적으로 플러그인을 사용하기 위해선 설치를 먼저 해야 합니다.

1. 먼저 Content Reel이라는 플러그인을 설치해 보겠습니다. 파일 브라우저에서 왼쪽 사이드바의 'Community(혹은 Plugins)'를 클릭한 뒤 검색창에 'Content Reel'을 입력합니다.

2. 검색 결과 화면에서 Plugins 탭을 선택한 뒤, 'Content Reel'의 맨 오른쪽 Install 버튼을 누르면 설치가 끝납니다. 간단하죠? 이 과정으로 앞에서 말한 Unsplash, Arrow Auto 플러그인도 마저 설치해 주세요.

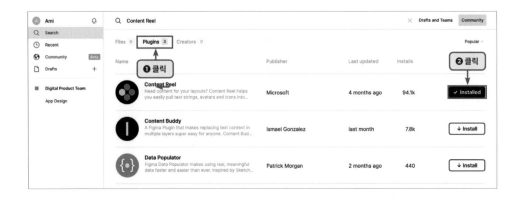

설치한 플러그인 확인·삭제하기

파일 브라우저 왼쪽 사이드바의 피그마 계정 설정을 클릭한 뒤, Plugins 탭을 선택하면 설치한 플러그인을 모두 확인할 수 있습니다. 삭제를 원한다면 각 플러그인 오른쪽에 있는 [−]를 누르면 됩니다.

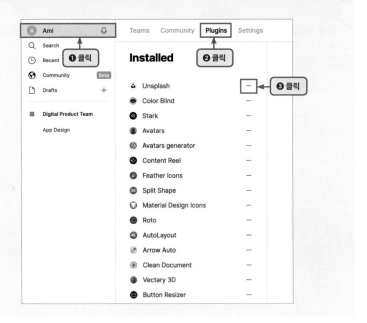

플러그인 사용하기

이제 플러그인을 사용해 연락처 화면을 디자인해 볼 차례입니다. 그림 10-2의 연락처와 프로필 화면을 만들어 보겠습니다.

Content Reel 플러그인 활용

그림 10-2와 같은 화면은 레이아웃은 반복되지만 그 안에 들어간 사진, 이름, 연락처 등 데이터들이 리스트마다 달라, 디자인할 때 각 데이터를 일일이 채워야 하는 번거로움이 발생합니다.

　Content Reel 플러그인은 필요한 데이터의 종류만 선택하면 랜덤으로 그 데이터들을 넣어 줍니다. Content Reel 사용법을 알아보며 [예제 파일 10장]에서 데이터를 채워 보겠습니다. 아직 플러그인을 설치하지 않았다면, 파일 브라우저로 돌아가 Community(혹은 Plugins)에서 Content Reel을 설치해 주세요.

1. [예제 파일 10장 10-1]에서 먼저 Content Reel을 사용해 볼게요. 화면에서 마우스 오른쪽 버튼을 클릭한 후 Plugins의 Content Reel을 클릭합니다.

2. 그럼 Content Reel이 실행될 거예요. 기본 기능 외에 다른 기능을 사용하기 위해서는 플러그인에 가입해야 합니다. 오른쪽 Sign In을 클릭해 Content Reel에 가입한 뒤, 왼쪽 하단에 있는 Content Library를 클릭해 주세요. 그럼 사용할 수 있는 데이터들이 보일 거예요. 이름, 전화번호, 이메일, 주소가 필요하므로 Full Name, US Phone Number, Email, Company의 스위치 버튼을 켜줍니다.

3. 먼저 연락처에 등록된 사람들의 프로필 사진을 변경해 볼게요. 사진들을 모두 선택한 다음 Content Reel 목록에서 'Avatars'를 클릭합니다. 그러면 인물 사진이 적절히 채워집니다.

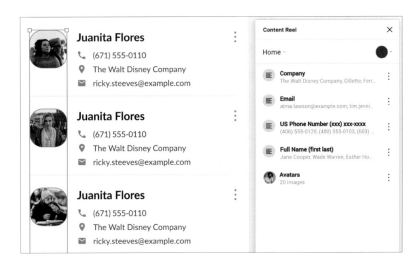

4. 이번엔 이름을 바꿔 보겠습니다. 이름을 모두 선택한 뒤 'Full Name'을 클릭해 주세요. 오른쪽에 있는 ⋮ 버튼을 누르면 목록에서 이름을 고를 수도 있습니다.

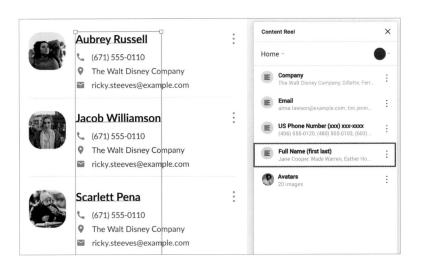

5. 다른 정보들도 바꿔볼 차례입니다. 휴대폰 번호는 'US Phone Number'를, 회사 이름은 'Company', 이메일은 'Email'을 클릭해 모두 변경해 주세요.

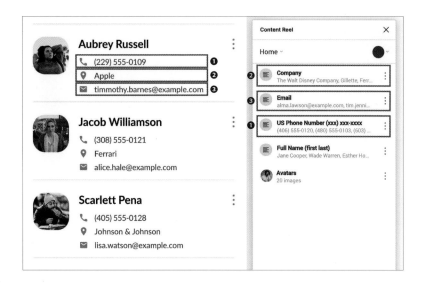

Unsplash 플러그인 활용

Unsplash(*https://unsplash.com/*)는 멋진 사진들을 무료로 제공하는 사이트입니다. Unsplash가 피그마 플러그인으로 나온다는 소식에 많은 사용자가 환호를 질렀죠. 이번에는 Unsplash를 사용해 프로필 사진과 배경 사진을 넣어 보겠습니다. 프로필 내용을 보니 NASA에서 일하는 분이네요. 그에 걸맞는 사진들을 찾아야겠습니다.

1. [예제 파일 10장 10-2]에서 Profile 레이어를 선택한 뒤, Unsplash 플러그인을 실행시킵니다. Search 메뉴를 클릭해 우주 비행사를 뜻하는 'astronaut'을 검색합니다. 검색 결과에서 'Niketh Vellanki'의 우주 비행사 사진을 선택합니다. 더 멋진 사진을 넣어도 좋습니다.

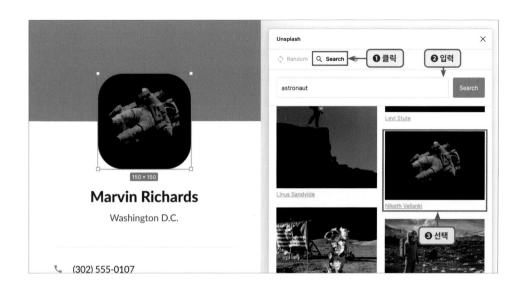

2. 이제 뒷배경 사진을 넣어 볼 건데요. 앞의 과정과 똑같이 해 주면 됩니다. 이번에는 'space'로 검색해 우주 사진을 배경으로 넣어 보겠습니다.

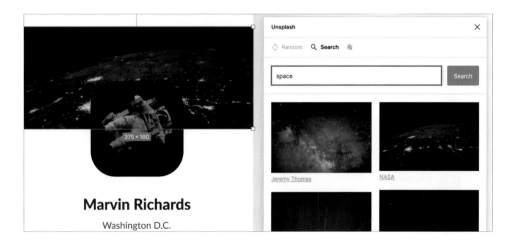

Arrow Auto 플러그인 활용

마지막으로 사용할 Arrow Auto는 다른 직군들과 협업할 때 유용하게 쓰이는 기능입니다. 특정 버튼을 누르면 나올 다음 화면을 화살표로 이어 줘 화면의 흐름을 이해할 수 있도록 도와줍니다. 앞서 만든 화면들의 흐름을 나타내 보겠습니다.

1. 먼저 Contacts 레이어에서 'Marvin Richards'의 프로필 사진을 누르면 그의 프로필 상세 페이지로 이동하는 흐름을 표시하겠습니다. 프로필 사진과 이어 줄 화면인 Profile 레이어를 동시에 선택합니다. 그 다음 Arrow Auto의 'Link' 메뉴를 클릭해 화살표를 만들어 줍니다.

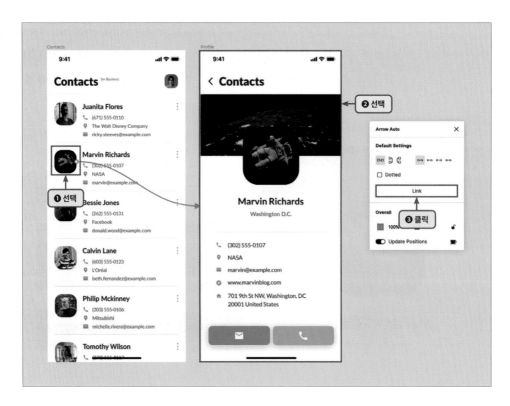

2. 프로필 상세 페이지에서 상단 '〈' 백 버튼을 누르면 다시 Contacts 레이어로 돌아간다는 것도 표시하겠습니다. '〈' 백 버튼과 Contacts 레이어를 동시에 선택한 뒤, 'Link' 메뉴를 클릭합니다.

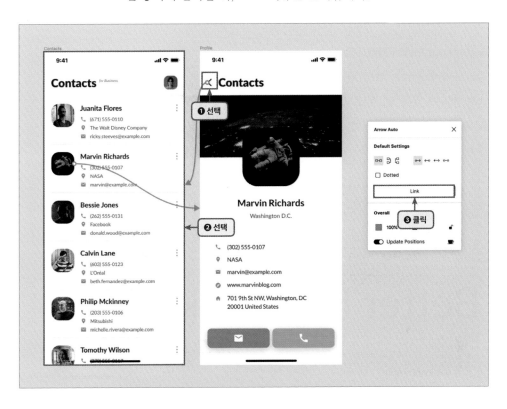

Q. 화살표가 반대로 됐어요!

A. 화살표가 반대로 됐다면 'Default Settings'의 오른쪽에 있는 화살표 아이콘을 클릭해 방향을 바꿔 주면 됩니다. 아래 'Overall'에서는 화살표의 색상과 선 굵기도 변경할 수 있어요.

10.3 추천하는 플러그인

예제를 통해 알아본 플러그인 외에도 주옥 같은 플러그인들이 많습니다.
그중 몇 가지를 소개합니다.

Better Font Picker 플러그인

피그마에서 폰트는 Text 패널에서 변경합니다. 문제는 폰트의 이름만 리
스트업되어 있을 뿐, 폰트가 어떤 모양을 하고 있는지 미리 볼 수 없다
는 겁니다. 이 점이 불편했다면 Better Font Picker 플러그인을 설치해 보
세요. 그림 10-3처럼 폰트 스타일을 확인해 가며 폰트를 적용할 수 있습
니다.

그림 10-3 Better Font Picker 폰트 미리보기

Clean Document 플러그인

한 파일에 레이어가 많아져 뒤얽히면 그 파일에 작업하는 사람도 찝찝하
고, 다른 팀원이 파일을 확인해야 할 때도 괴롭습니다. 이때 조금이나마
도움을 주는 플러그인이 Clean Document입니다. 이름 그대로 파일을 정
리해 주는 플러그인인데요. 숨겨만 놓고 쓰고 있지 않은 레이어 삭제하
기, 하나의 레이어만 남겨져 있는 그룹들 해제시키기, 여러 레이어 이름

한번에 재설정하기, 소수점 픽셀을 정수로 바꾸기 등 여러 유용한 기능을
제공합니다.

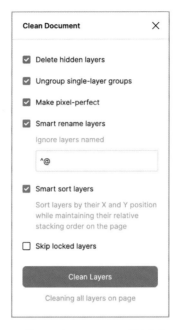

그림 10-4 Clean Document 설정 옵션

Super Tidy 플러그인

이 플러그인 또한 프레임 정리를 도와줍니다. 그림 10-5의 상단 프레임들
처럼 우후죽순 생겨난 프레임들의 간격과 위치를 일정하게 정리해 줍니
다. 이 플러그인을 쓰면 왜 지금까지 하나하나 간격을 재가면서 프레임을
정리했었는지 후회가 밀려올 겁니다.

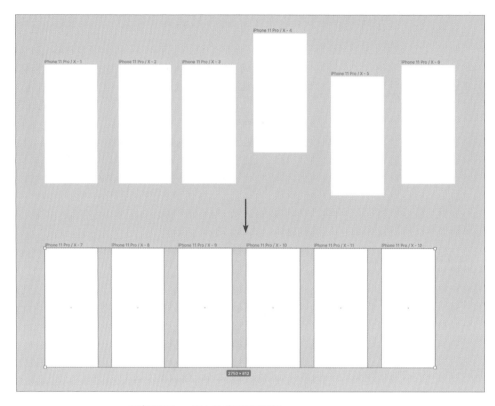

그림 10-5 Super Tidy로 정돈된 프레임들

Product Planner 플러그인

Product Planner 플러그인은 프로젝트를 계획하고 관리하는 데에 필요한 템플릿들을 제공합니다. 원하는 템플릿에 프로젝트와 관련된 정보들을 표기할 수 있습니다. 여러 명이서 동시에 사용하는 파일이라면 간단하게 작업 일지를 남기는 걸로도 활용할 수 있습니다.

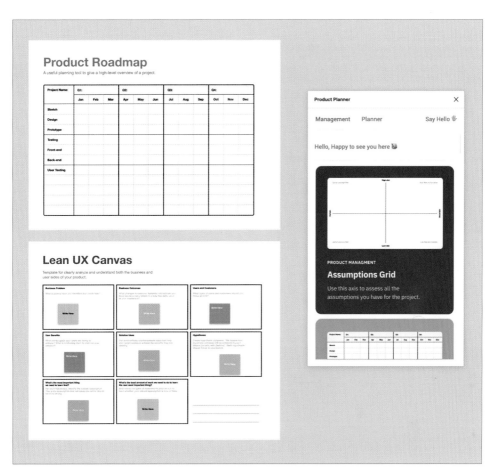

그림 10-6 Product Planner로 추가한 템플릿

스타일 사용하기

11.1 스타일 알아보기

웹이나 앱 서비스에서는 사용자들에게 일관성 있는 디자인 경험을 전달하는 것이 특히 중요합니다. 이때 피그마에서 공통으로 사용하는 색상, 폰트, 효과, 레이아웃 그리드 등을 스타일로 등록하면 필요한 곳마다 쉽게 통일성 있는 스타일을 적용할 수 있습니다.

이렇게 한 서비스에서 쓰인 스타일을 체계적으로 정의해 두는 것을 디자인 시스템이라 하는데요. 이 디자인 시스템을 구축해 두면 일관성 있는 디자인이 나올뿐더러 작업 시간 단축, 팀원 간의 협업도 원활해집니다. 디자인 시스템에 대한 자세한 얘기는 4부에서 하겠습니다. 여기서는 스타일을 어떻게 등록하고 적용하는지 알아봅니다.

Bold / 크기 36px / 행간 110% / 자간 -2%	**36px 폰트입니다.**
Bold / 크기 30px / 행간 110% / 자간 -2%	**30px 폰트입니다.**
Bold / 크기 24px / 행간 120% / 자간 -1%	**24px 폰트입니다.**
Medium / 크기 20px / 행간 130% / 자간 0%	20px 폰트입니다.
Medium / 크기 18px / 행간 140% / 자간 0%	18px 폰트입니다.
Medium / 크기 16px / 행간 140% / 자간 0%	16px 폰트입니다.
Medium / 크기 14px / 행간 150% / 자간 0%	14px 폰트입니다.
Medium / 크기 12px / 행간 150% / 자간 0%	12px 폰트입니다.

그림 11-1 폰트 스타일 정의하기

11.2 스타일로 디자인 시스템 만들기

이커머스(E-commerce) 서비스는 일관성 있는 디자인에 특별히 신경 써야 합니다. 사용자가 물건을 구매할 때 상품 리스트 페이지, 상세 페이지, 장바구니, 결제 페이지 등 여러 화면을 거치기 때문이죠.

이번에는 상품 상세 페이지에서 사용된 폰트와 색상 등을 피그마 스타일로 등록해, 다른 페이지를 제작할 때에도 그 스타일을 활용할 수 있도록 디자인 시스템을 간단히 만들어 보겠습니다.

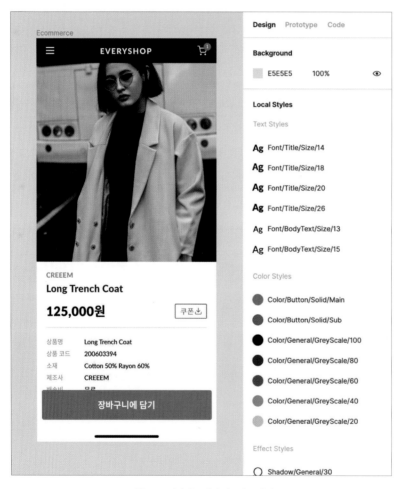

그림 11-2 이커머스 앱의 피그마 스타일

스타일 등록하기

먼저 텍스트 스타일을 등록해 보겠습니다. 그림 11-2에서 상품 정보 영역의 'CREEEM' 브랜드명과 'Long Trench Coat', '125,000원'은 화면에서 비교적 두껍고 큰 폰트로 쓰였는데요. 이렇게 주요한 텍스트들을 '타이틀(Title)'로 정의하고, 상품 정보는 '본문(BodyText)'으로 정의하겠습니다.

1. [예제 파일 11장 11-1]입니다. 'CREEEM' 텍스트를 선택한 후 Text 패널에서 ∷를 클릭한 뒤 ➕를 한 번 더 클릭합니다.

2. 텍스트 스타일명을 'Font/Title/Size/14(1차 종류/2차 종류/속성/크기)'으로 입력해 주고, 'Create Style' 버튼을 클릭합니다. 스타일명은 자유롭게 해도 좋습니다.

3. 텍스트 스타일이 생성되었습니다! 이제 폰트 종류, 사이즈, 행간, 자간 속성이 한 세트가 된 겁니다. 앞의 과정과 동일하게 'Long Trench Coat'는 'Font/Title/Size/20'으로, '125,000원'은 'Font/Title/Size/26'으로 스타일을 만들어 주세요.

4. 타이틀을 모두 스타일로 등록했다면, 이제 본문을 등록해 볼 차례입니다. 가격 아래에 있는 '상품명' 텍스트를 선택해 스타일명을 'Font/BodyText/Size/13'으로 타이틀과는 다르게 등록합니다.

5. 본문까지 등록을 마쳤습니다. 스타일명을 '/' 슬래시로 구분 지어 폴더 역할을 하게 하면, 'Font/Title'과 'Font/BodyText'는 스타일 목록에서 분리되어 보입니다.

등록할 수 있는 스타일 종류

텍스트 스타일 외의 다른 속성들도 스타일로 등록할 수 있습니다. 어떤 종류의 스타일이 등록 가능한지는 다음을 참고하세요.

- Colors: Fill, Stroke, Background Color
- Text: Font Family, Size, Line Height, Spacing
- Effects: Drop Shadow, Inner Shadow, Layer Blur, Background Blur
- Layout Grids: Row, Column, Grid

스타일 확인하기

등록한 스타일을 확인하고 싶을 때는 캔버스에서 아무것도 선택하지 않으면 됩니다. 그러면 Local Styles 패널에 스타일들이 나타납니다.

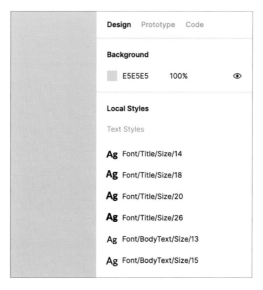

그림 11-3 등록한 스타일 확인하기

등록된 스타일을 다른 곳에 적용하기

정의한 스타일은 다른 화면에서도 동일하게 사용되어야 디자인 시스템을 만든 의미가 커집니다. 상품 상세 페이지에서 등록했던 스타일들을 결제 페이지에도 사용해 볼 건데요. 이 결제 페이지는 현재 와이어프레임에 가까우므로 스타일을 사용해서 상품 상세 페이지의 디자인과 통일성을 갖춘 채 화면에 심미성을 더해 보겠습니다.

텍스트 스타일 적용하기

먼저 [예제 파일 11장 11-2]에 쓰인 텍스트들에 폰트 크기를 다르게 적용해 보겠습니다.

1. 'CREEEM' 텍스트를 선택 후 Text 패널에서 ⠿를 클릭합니다. 그 다음
   정의해 뒀던 스타일 중 'Font/Title/Size/14'를 선택합니다. 폰트 크기
   가 조금 줄어들었네요.

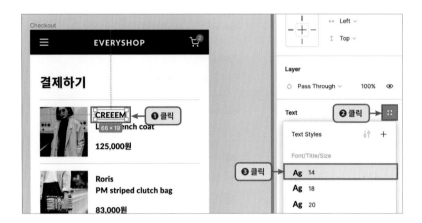

2. 'Long trench coat'와 '125,000원'에도 각각 14, 20의 폰트 크기를 가진
   텍스트 스타일을 적용해 줍니다.

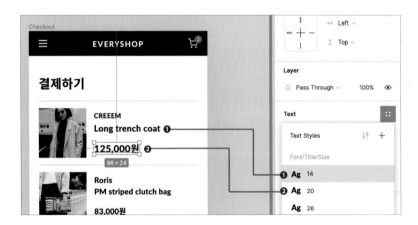

색상 스타일 적용하기

이번엔 텍스트에 색상을 적용해 보겠습니다. 색상들은 예제 파일에 미리 정의해 두었습니다. 과정은 텍스트 스타일을 변경할할 때와 동일합니다. 'CREEEM' 텍스트를 선택 후 Fill 패널에서 ⸬를 클릭합니다. Color Styles 에서 'Color/General/GreyScale/20'을 선택해 색상을 변경합니다.

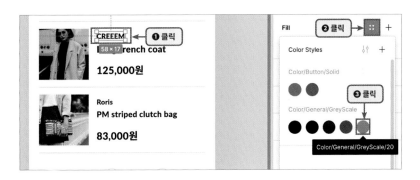

효과 스타일 적용하기

앞서 디자인한 상품 상세 페이지와 점점 스타일이 비슷해지고 있네요! 마지막으로 '결제하기' 버튼에 그림자 효과를 넣어 보겠습니다.

1. '결제하기' 버튼의 bg 레이어를 클릭합니다.
2. 색상 먼저 검은색에서 빨간색 버튼으로 변경해야 합니다. Fill 패널에 서 색상 스타일을 'Color/Button/Solid/Main'로 설정합니다.
3. 그 다음 Effects 패널의 ⸬를 클릭해 주세요. Effects Styles에서 'Effect/ Shadow/Button'을 클릭해 그림자를 적용합니다.

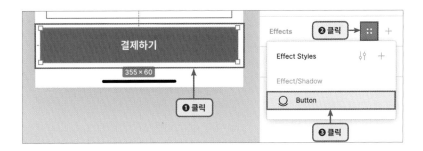

4. [예제 파일 11장 11-2]의 나머지 요소들에도 자유롭게 스타일을 적용해 보세요. 더욱 통일감 있는 화면들을 디자인할 수 있습니다.

스타일 수정·삭제하기

스타일은 6장의 컴포넌트와 성격이 비슷합니다. 스타일을 수정하면 그 스타일이 적용됐던 모든 곳에 한꺼번에 반영되죠. 앞서 등록했던 텍스트 스타일의 폰트 크기를 변경해 보고, 필요 없는 스타일을 삭제하는 방법도 같이 알아보겠습니다.

1. Local Styles 패널에서 'Font/Title/Size/14' 옆 ⚙를 클릭하면 스타일을 수정할 수 있는 패널로 변경됩니다.

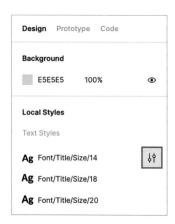

2. 폰트 크기를 변경할 것이므로 우선 스타일명을 'Font/Title/Size/14'를 'Font/Title/Size/15'로 바꿔줍니다.

3. 그 다음 스타일의 폰트 값을 변경해야 합니다. Properties 패널에서 폰트 크기를 '14'에서 '15'로 수정합니다. 그럼 이제 'Font/Title/Size/14'를 적용했던 모든 텍스트의 크기는 15px로 변합니다.

4. 이번에는 스타일을 삭제해 보겠습니다. Local Styles 패널로 다시 돌아와서 삭제할 스타일에서 마우스 오른쪽 버튼을 클릭한 후 'Delete Style'을 클릭해 주면 됩니다. 간단하죠?

스타일 디스크립션 사용하기

스타일 수정 패널에는 스타일명 아래 'Add Description'이라는 입력창이 있습니다. 이곳에 스타일에 대해 가볍게 소개하거나 주로 어디에 쓰이는지 등을 입력해 두면 다른 팀원들도 상황에 맞춰 적절히 스타일을 사용할 수 있습니다.

스타일 해제하기

등록한 스타일에 얽매이지 않고, 다양한 속성을 적용하고 싶다면 스타일을 해제하면 됩니다. 스타일 속성 패널에서 ⟨?⟩를 클릭하면 원래의 Text 패널로 돌아옵니다.

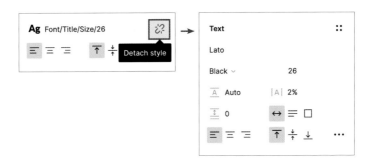

3부

피그마에서
디자인하기

12장

반응형 랜딩 페이지 디자인하기

이 기능들을 사용했어요

Layout Grid, Plugins(Feather Icons, Unsplash), Auto Layout, Style, Component, Constraints

12.1 반응형 웹 알아보기

반응형 웹(responsive web)은 하나의 웹사이트가 데스크톱, 태블릿 PC, 모바일 등 접속하는 디바이스의 화면 크기에 따라 레이아웃이 자동으로 변하도록 개발된 웹입니다. 마치 그릇에 따라 물의 모양이 변하는 것과 흡사하죠. 하나의 웹사이트로 모든 디바이스를 유연하게 대응하도록 코딩하기 때문에 작업 효율도 높고 유지보수 또한 용이한데요. 나날이 화면 크기가 다양해져 가는 시대에 잘 들어맞는 웹의 형태라 볼 수 있습니다.

이번 12장에서는 반응형 랜딩 페이지 제작을 위해 알아야 할 개념들을 이해한 뒤, 실제 실무 프로세스와 흡사한 과정으로 랜딩 페이지를 디자인해 보겠습니다.

브레이크포인트 이해하기

데스크톱의 전체 화면을 꽉 채운 세 개의 컬럼이 있다고 가정해 볼게요. 모바일에서도 컬럼 세 개를 화면에 꽉 차게 보여 준다면 컬럼 안의 이미지와 텍스트가 너무 작아 보일 겁니다. 이때, 브레이크포인트(breakpoint)를 이용하면 접속하는 디바이스에 따라 컬럼 개수를 다르게 보여지도록 설정할 수 있습니다.

여기서 브레이크포인트는 반응형 웹의 레이아웃이 변하는 지점을 말합니다. 컬럼 세 개를 화면 크기 768px에서 두 개로 바뀌게끔 작업한다면 768px이 브레이크포인트입니다. 브레이크포인트에 정해진 표준 수치가 있는 것은 아니에요. 운영하는 서비스에 접속률이 높은 화면 크기를 브레이크포인트로 둘 수도 있고, 팀의 작업 방식에 따라 정할 수도 있습니다.

크롬 개발자 도구에서 알려 주는 브레이크포인트

새로 시작하는 서비스의 경우 어떤 화면 크기가 우리 서비스에 많이 접속되는지 데이터를 확인하기 어려울 텐데요. 이런 상황이라면 구글에서 제공하고 있는 브레이크포인트를 참고해 그림 12-1과 같이 레이아웃을 구성해 보세요.

- Mobile S : 320px
- Mobile M : 375px
- Mobile L : 425px
- Tablet : 768px
- Laptop : 1024px
- Laptop L : 1440px
- 4K : 2560px

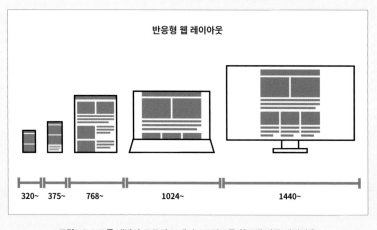

그림 12-1 크롬 개발자 도구의 브레이크포인트를 참고해 만든 레이아웃

콘텐츠 너비와 좌우 여백 이해하기

콘텐츠 영역의 최대 너비와 좌우 여백 역시 반응형 웹사이트 제작 시 꼭 고려해야 할 사항입니다. 콘텐츠 영역은 말 그대로 콘텐츠들이 담기는 영역인데요. 배너나 리스트, 폼이 들어갈 수도 있습니다.

너비를 정할 때는 화면의 좌우 여백도 함께 고려해야 합니다. 같은 내용을 담은 웹사이트라도 콘텐츠 너비와 좌우 여백에 따라 다양한 느낌을 낼 수 있습니다. 만들고자 하는 웹사이트와 성격이 비슷한 다른 웹사이트를 리서치를 하다 보면 그 규격을 금방 잡을 수 있을 거예요.

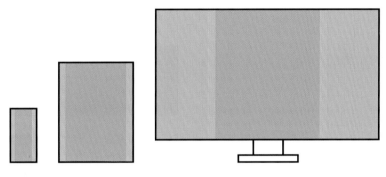

그림 12-2 콘텐츠 영역과 양쪽 여백

콘텐츠 너비를 설정하는 데에는 여러 가지 방법이 있습니다. '&' 퍼센테이지를 활용해 화면 크기에 따라 가변적으로 만들 수도 있고, 브레이크포인트마다 1000px, 600px, 400px 등 각각 다르게 설정해 줄 수도 있습니다.

복합적으로도 사용할 수 있는데, 예를 들어 콘텐츠 너비는 100%이지만 최대 너비를 1200px로 고정해 2560px처럼 큰 화면에서는 최대 너비인 1200px로 보이고, 그보다 작은 화면에서는 가로 100%로 보이게 만들 수도 있습니다.

12.2 랜딩 페이지 디자인 준비하기

이번에는 [예제 6장-쿠킹 클래스]에서 만들었던 쿠킹 클래스를 소개하는 랜딩 페이지를 만들어 볼 건데요. 랜딩 페이지는 특정 목적에 특화된 콘텐츠를 담은 페이지입니다. 이번에 만들 랜딩 페이지는 쿠킹 클래스를 소개하고, 실제 결제로 이어질 수 있도록 설득하는 목적을 가지고 있습니다. 데스크톱 화면을 하나하나씩 직접 디자인해 보고, 태블릿 PC와 모바일 화면 크기에 대응할 때 알아두면 좋을 것들도 알아볼 예정이니 조금씩 단계를 밟아 봅시다.

그림 12-3 쿠킹 클래스 랜딩 페이지

12.3 그리드 설정하기

데스크톱 모니터 중에서도 작은 축에 속하는 1280px을 기준으로 디자인할 겁니다. 이렇게 하면 1280px보다 큰 화면에서는 레이아웃이 그대로 잘유지되기 때문에, 추후에 그보다 작은 화면만 대응하면 됩니다.

데스크톱 시안은 콘텐츠 영역 너비를 1280px로 하고, 그 안의 컬럼은 12개, 거터는 10px, 좌우 여백 45px를 레이아웃 그리드로 표시해 볼게요. 랜딩 페이지는 [예제 파일 12장]에서 만들어 봅니다.

1. 제일 먼저, 작업할 프레임을 생성해야 합니다. 화면이 클 때의 느낌도 확인해야 하니, 콘텐츠 영역의 너비인 1280px보다 큰 1920px로 만들어 주세요. 내용은 1280px 안에만 채울 겁니다. 툴바에서 Frame을 클릭해 가로 1920px, 세로 3000px 크기의 프레임을 생성합니다.

2. 이제 콘텐츠 배치를 위해 콘텐츠 영역에 레이아웃 그리드를 그려 볼 건데요. 콘텐츠 영역에서 프레임 선택 후, Layout Grid 패널의 ＋ 를 클릭해 컬럼을 생성합니다. 1280px을 12칸으로 나누면 106.66px이 됩니다. 컬럼 사이의 여백도 필요하므로, 거터는 10px로, 컬럼 너비는 90px로 하겠습니다. 그러면 90px(1280px - 1190px)이 남는데요. 이건 좌우 45px씩 여백으로 남겨 줍니다. Type은 'Center'로 설정해 콘텐츠 영역이 가운데로 오게 합니다.

3. 그러면 좌우 여백 45px가 빠진 채로 보이므로 컬럼들의 가로폭이 총 1190px인 것처럼 보입니다. 1280px 전체 너비를 볼 수 있도록 컬럼 하나를 더 추가해 볼게요. 붉은 그리드와 대비되는 청색 계열로 다음 그림을 참고해 만들어 주세요. 그럼 이제 양쪽 45px만큼 여백이 보일 거예요. 디자인을 위한 준비는 모두 끝났습니다!

12.4 글로벌 내비게이션 바 디자인하기

랜딩 페이지의 최상단에 있는 글로벌 내비게이션 바(Global Navigation Bar, GNB)는 웹사이트 전체에 동일하게 있는 메뉴 바입니다. 웹사이트에서 주요한 페이지들은 모두 이 내비게이션 바를 통해 이동할 수 있죠. 피그마의 기본 툴과 플러그인을 활용해 글로벌 내비게이션 바를 만들어 보겠습니다.

1. 글로벌 내비게이션 바를 작업할 프레임을 만들겠습니다. 가로 1920px, 세로 60px의 프레임을 만듭니다.

2. 랜딩 페이지 전체 프레임인 Frame 1과 헷갈리지 않도록 레이어 이름을 재설정해 주세요. Frame 1은 'Landing Page'로, Frame 2는 'UI/GNB'로 변경합니다.

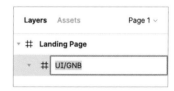

3. 이제 왼쪽에 쿠킹 클래스 로고를 넣어 보겠습니다. 로고는 [예제 파일 12장 Assets]에 있는 'img-logo'를 복사 후, 붙여넣기 합니다. 레이아웃 그리드에서 맨 왼쪽을 기준으로 45px만큼 여백을 띄운 뒤, UI/GNB 프레임의 세로 중앙에 둡니다.

4. 이제 오른쪽 상단에 검색 아이콘 버튼을 넣어 줄 겁니다. 검색 아이콘은 Feather Icons 플러그인에서 제공하는 무료 아이콘을 사용하겠습니다. 플러그인 설치 방법은 [10장 플러그인 사용하기] 자세히 다루었습니다. 플러그인을 설치한 후에 마우스 오른쪽 버튼을 클릭해 Plugins의 'Feather Icons'을 클릭해 주세요.

5. Feather Icons가 실행되면 검색란에 'Search'를 입력한 뒤, 결과로 나오는 돋보기 아이콘을 클릭합니다.

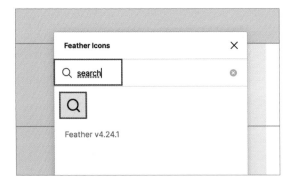

6. 그러면 검색 아이콘이 들어 있는 search 프레임이 생성될 겁니다. search 프레임은 UI/GNB 프레임 안에 넣어 정리해 주세요. 그리고 검색 아이콘의 위치는 로고와 마찬가지로 레이아웃 그리드에서 맨 오른쪽 45px 여백을 띄운 뒤, UI/GNB 프레임의 세로 중앙에 둡니다.

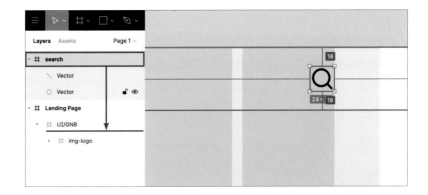

7. 검색 아이콘의 색상은 쿠킹 클래스 로고의 색과 같게 변경하겠습니다. 아이콘을 클릭한 뒤, Selection Colors 패널에서 색상 값을 '000'에서 '333'으로 변경해 줍니다.

Selection Colors 활용하기

Selection Colors는 선택한 요소에서 쓰인 모든 색상들이 나타나는 패널입니다. 특정 색상이 쓰인 요소들을 한번에 다른 색상으로 변경할 수 있는 편리한 기능이죠. 오른쪽 타깃 아이콘을 선택하면 그 색상이 쓰인 요소들만 따로 선택할 수도 있습니다.

8. 이제 텍스트 메뉴들을 만들어 보겠습니다. 툴바에서 Text를 클릭한 뒤, '쿠킹 클래스', '소개', '로그인'을 각각 입력합니다. 텍스트 간의 간격은 34px로 합니다. 모두 선택 후 키보드 [opt][alt]를 눌러 오른쪽 검색 아이콘과 30px 여백을 두고, UI/GNB 프레임에서 세로 중앙 정렬합니다.

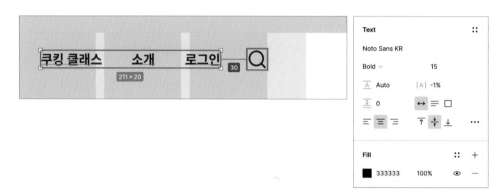

9. 배너는 언제든 변경될 수 있습니다. 메뉴가 많아지거나 한 메뉴의 텍스트가 길어질 수도 있겠죠? 이때도 간격이 자동으로 조정되도록 오토 레이아웃을 적용하겠습니다. 텍스트를 모두 선택한 다음 마우스 오른쪽 버튼을 클릭해 'Add Auto Layout'을 선택합니다. 텍스트 메뉴 간 간격은 '34'로 지정합니다. 그리고 Constraints and Resizing 패널의 첫 번째 드롭다운 메뉴에서 가로 설정을 'Right'로 선택합니다. 컨스트레인트를 'Right'로 설정하면 메뉴의 길이가 길어져도 오른쪽을 시작으로 길어지기 때문에 수정이 용이합니다.

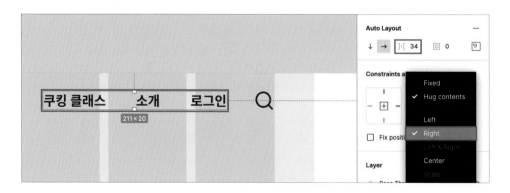

10. 이렇게 글로벌 내비게이션 바의 디자인은 끝났습니다! 다음에는 본격적으로 콘텐츠를 만들어 보겠습니다.

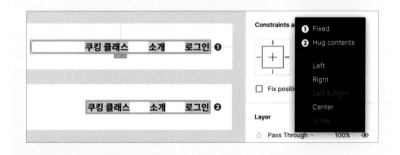

오토 레이아웃의 컨스트레인트

오토 레이아웃을 추가하면 Constraints 패널은 Constraints and Resizing 패널로 바뀝니다. 그리고 드롭다운 메뉴 상단에 'Fixed', 'Hug contents'라는 두 가지 옵션이 더 생깁니다. 이 옵션들에 대해 좀 더 설명하겠습니다.

❶ Fixed : 오토 레이아웃 프레임을 고정 너비로 유지하고 싶을 경우 선택합니다. 안에 속한 요소들의 크기에는 영향을 받지 않습니다. 프레임의 크기를 강제로 늘리면 자동으로 Fixed 옵션이 적용됩니다.

❷ Hug contents : 말 그대로 안에 속한 요소들을 감싸는 옵션입니다. 이 때문에 요소들의 크기에 영향을 받게 됩니다.

12.5 인트로 배너 영역 디자인하기

이제 글로벌 내비게이션 바 밑에 있는 인트로 배너를 디자인하겠습니다. 랜딩 페이지의 인트로 배너에는 서비스의 캐치프레이즈와 고객의 행동을 촉발하는 콜투액션(call to action) 버튼을 넣어 고객들이 쿠킹 클래스를 더 알아보도록 유도할 겁니다.

1. 앞에서 만든 UI/GNB 프레임 밑에 1920px×500px 프레임을 생성합니다. 프레임명은 'Banner'로 설정합니다.

2. 이 프레임에 요리 이미지를 넣어 보겠습니다. 프레임에서 마우스 오른쪽 버튼을 클릭해 Plugins의 'Unsplash'를 클릭해 주세요.

3. Unsplash가 실행되면 검색란에 'Cook'을 입력한 뒤, Todd Quackenbush의 이미지를 선택합니다. 그럼 프레임에 맞춰 이미지가 들어갈 거예요.

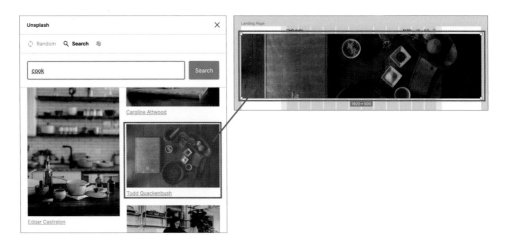

4. 이미지 위에 캐치프레이즈 텍스트를 그대로 얹어도 되지만, 텍스트의 가독성을 좀 더 높이기 위해 이미지 위에 어두운 배경색을 얹어 좀 더 서로 대비되게 하겠습니다. 어두운 배경은 Fill 패널에서 이미지 속성 위에 색상을 하나 더 쌓아주면 됩니다. ➕를 눌러 색상을 추가한 뒤, 색상 팔레트를 열어 상단 'Linear'를 'Solid'로 변경하고 색상을 '000'으로 입력합니다.

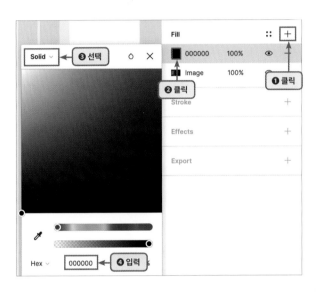

5. 검은색 색상의 투명도를 '30%'로 수정해 주면 배너의 배경이 완성됩니다.

6. 이제 Banner 프레임 안에 캐치프레이즈를 써볼 차례입니다. '최고의 요리 전문가와 함께 배우는 쿠킹 클래스를 지금 만나보세요.'라는 텍스트를 추가합니다.

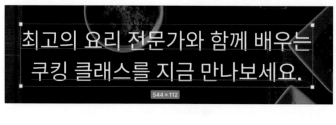

7. 버튼은 텍스트 길이에 따라 모양이 자유자재로 변하도록 오토 레이아웃을 적용해 만들겠습니다. 캐치프레이즈 아래 '클래스 보러가기' 텍스트를 적은 다음, 스타일을 적용한 뒤 마우스 오른쪽 버튼을 클릭해 'Add Auto Layout'을 선택합니다.

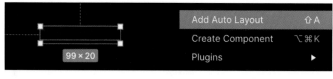

8. 이제 버튼 모양을 만들어 줘야 합니다. 적용된 오토 레이아웃의 Fill 패
   널에는 'fff'을 넣어 배경색을 만들어 줍니다. 그리고 Auto Layout 패널
   의 여백란에 '20,40'을 입력해 텍스트 주위로 상하 여백을 20px, 좌우
   여백을 40px만큼 넣어 주세요.

9. 다 만든 캐치프레이즈와 버튼을 좀 더 보기 좋게 재배치해 봅시다. 캐
   치프레이즈와 버튼 사이의 여백은 28px로 해 주고, 캐치프레이즈와
   버튼을 그룹 지은 다음, Banner 프레임의 상단 기준으로 160px 떨어
   뜨려 주고, 가로 중앙 정렬해 줍니다.

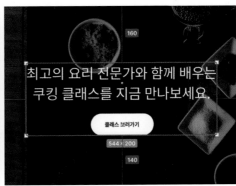

10. 짜잔! 인트로 배너가 완성되었습니다.

12.6 소개 영역 디자인하기

인트로 배너 밑 소개 영역에는 서비스에 대한 좀 더 구체적인 내용이 담겨져 있습니다. 이번에는 쿠킹 클래스를 짧게 소개하는 오버뷰 섹션과 혜택 섹션, 가격 섹션을 차례대로 디자인하겠습니다.

오버뷰 섹션 디자인하기

먼저 오버뷰 섹션입니다. 오버뷰 섹션은 말 그대로 이 서비스가 어떤 서비스인지 가볍게 알려 주는 공간인데요. 쿠킹 클래스가 무엇인지 이해할 수 있도록 클래스 설명과 쿠킹 클래스 이미지를 추가해 보겠습니다.

1. 먼저 오버뷰 섹션의 프레임을 만들어 줍니다. 1920px×500px을 인트로 배너와 100px 떨어진 곳에 생성해 주세요. 프레임명은 'Overview'로 합니다.

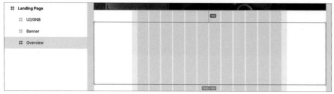

2. 그 다음 프레임의 왼쪽에 쿠킹 클래스를 알려 주는 간단한 소개 글을 작성합니다. 타이틀과 본문을 어울리게 적어 보세요. 타이틀과 아래 본문 사이의 여백은 10px입니다. 두 텍스트 모두 Auto Height를 적용해 글이 길어지더라도 가로 폭은 유지한 채 세로로 줄 바꿈 되도록 합니다.

3. 앞으로 만들 다른 섹션에도 동일한 텍스트 스타일을 사용해 통일성을 주겠습니다. 타이틀을 선택한 뒤, Text 패널의 ➕를 클릭합니다. 타이틀 스타일명은 'Text/Title/30'로 짓고, 본문 스타일명은 'Text/Body-Text/15'로 지었습니다.

TIP

스타일명 짓는 법은 [6.3 컴포넌트명 효율적으로 짓기]에서 다루었습니다.

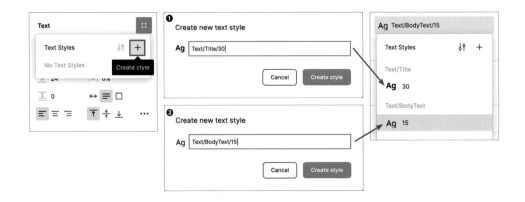

4. [예제 파일 12장 Assets]에 있는 'img-cards' 이미지를 복사한 후, 그리
   드의 오른쪽에 붙여넣기 합니다.

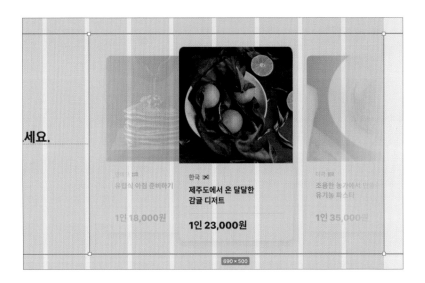

5. 금세 오버뷰 섹션도 완성되었네요.

혜택 섹션 디자인하기

혜택 섹션에서는 쿠킹 클래스의 매력을 짚어 줄 겁니다. 필요한 재료들은 당일 배송으로 받을 수 있고, 궁금한 건 실시간으로 답변 받을 수 있는 등의 혜택들을 이미지와 함께 나타내 보겠습니다.

1. 오버뷰 섹션에서 30px 밑에 1920px×700px의 프레임을 생성합니다. 프레임명은 'Features'로 합니다.

2. Features 프레임 안에 그리드 4열을 차지하는 390px×500px의 프레임을 하나 더 만들어 혜택을 적어 주겠습니다. 프레임명은 'Card'로 해주세요. Features 프레임을 기준으로 왼쪽은 365px만큼 떨어뜨리고, 세로는 중앙 정렬해 줍니다.

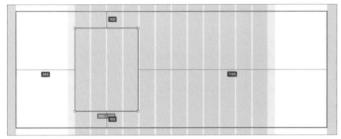 

3. 이번에는 Card 프레임 안에 이미지가 들어갈 390px×320px 프레임을 만들고, 프레임명은 'Image'로 합니다. 그 다음 [예제 파일 12장 Assets]에서 '12-1' 이미지를 복사한 뒤, Image 프레임을 선택해 붙여넣기 해 줍니다. 그럼 이미지는 Image 프레임 안에 들어갈 거예요. 이때 이미지 높이는 320으로 설정한 뒤, 프레임 안에서 가로 중앙으로 정렬합니다.

4. 이제 쿠킹 클래스의 혜택들을 적을 차례입니다. 앞서 정의한 타이틀
   스타일보다는 좀 더 작은 폰트를 사용해 세부적인 내용임을 나타내겠
   습니다. Image 프레임에서 20px 아래에 타이틀을 적어 준 뒤 스타일
   을 적용해 주세요. 텍스트에 앞서 적용한 스타일이 반영되어 있나요?
   그렇다면 스타일 오른쪽에 있는 을 클릭합니다.

5. 새로운 스타일의 타이틀을 사용했네요. 이번에도 스타일로 등록하겠습니다. 스타일명을 'Text/Title/24'로 입력 후 'Create style' 버튼을 클릭해 주세요.

6. 이번엔 타이틀 12px 아래 설명글을 입력해 주세요. 설명글에는 앞서 등록한 스타일을 사용해 보겠습니다. 설명글을 클릭한 뒤, Text 패널에서 ⠿를 클릭하고, 그 안에 'Text/BodyText/15' 스타일을 클릭해 주세요. 색상은 '333'입니다.

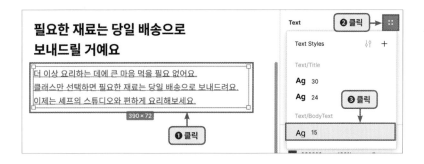

7. 혜택 섹션은 똑같은 레이아웃이 반복 사용되었습니다. 이때 컴포넌트를 활용해 추후 디자인 수정이 용이하도록 만들겠습니다. Card 프레임을 선택한 뒤, 마우스 오른쪽 버튼을 클릭한 후 'Create Component'를 선택합니다.

TIP
컴포넌트는 [6장 컴포넌트사용하기]에서 다루었습니다.

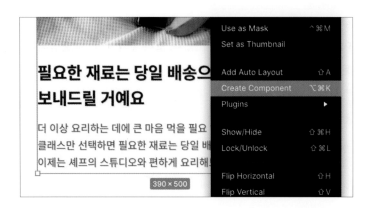

8. Card 마스터 컴포넌트 선택한 후 [opt][alt]를 누른 상태에서 10px 여백을 띄우고, 오른쪽으로 드래그 앤 드롭합니다. 그럼 Card 마스터 컴포넌트의 인스턴스가 생성됩니다.

9. 복제된 인스턴스에 쿠킹 클래스의 혜택을 마저 기입합니다.

10. 이제 이미지를 변경해 줄 겁니다. 프레임이 컴포넌트가 되면 프레임 안으로 더 이상 이미지 레이어 복사, 붙여넣기가 되지 않습니다. 이 때 좀 더 편하게 이미지를 넣으려면 넣을 이미지에서 마우스 오른쪽 버튼을 클릭해 'Copy/Paste'의 'Copy Properties'를 클릭한 다음, 붙여 넣기할 이미지(프레임이 아니라 이미지 파일을 선택해야 합니다)에 서 'Paste Properties'를 클릭해 주면 됩니다. 동일하게 [예제 파일 12장 Assets]의 '12-2' 이미지를 두 번째 열에, 12-3 이미지를 세 번째 열에 넣 어 주세요.

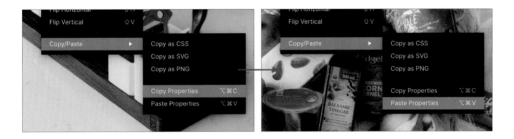

11. 이렇게 혜택 섹션도 모두 완성했습니다!

가격 섹션 디자인하기

소개 영역의 마지막에는 쿠킹 클래스의 가격을 알려 줘야 합니다. 이 쿠킹 클래스에는 베이직 멤버스와 프리미엄 멤버스 총 두 개의 가격 테이블이 있고, 각 멤버십이 가진 혜택이 다릅니다. 이미지와 텍스트로 그 차이를 적절히 나타내 보겠습니다.

1. 혜택 섹션 바로 밑에 1920px×810px의 프레임을 생성합니다. 이름은 가격을 나타내는 'Pricing'으로 정해 줍니다. 이번에는 배경색을 넣어 볼 거예요. Fill 패널의 ➕를 클릭합니다. 그 다음 색상 값은 'F6'로 입력합니다.

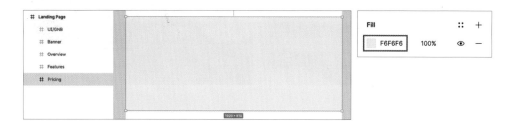

2. Pricing 프레임 안에 타이틀을 입력합니다. 폰트 스타일은 미리 정의해 둔 'Text/Title/30'로 설정하고, 색상 값은 '333'으로 입력합니다. 이렇게 미리 등록해 둔 스타일을 쉽게 적용할 수 있으니 편리하죠? 위치는 프레임 상단에서 70px 떨어뜨리고, 가로 중앙으로 정렬합니다.

3. 다음은 타이틀 30px 아래, pricing 프레임을 기준으로 왼쪽을 565px만큼 띄운 곳에 가격이 적힌 카드들을 만들어 줄 겁니다. 혜택 섹션에서 카드를 만들었을 때와 과정은 비슷합니다. 먼저 390px×550px의 프

레임을 만들고, 프레임명은 'Card-pricing'으로 해 주세요. 그 다음 카드 상단에 이미지를 넣어야 하니 390px×200px의 이미지 프레임도 같이 만들어 줍니다. 프레임명은 'Image'로 해 주세요.

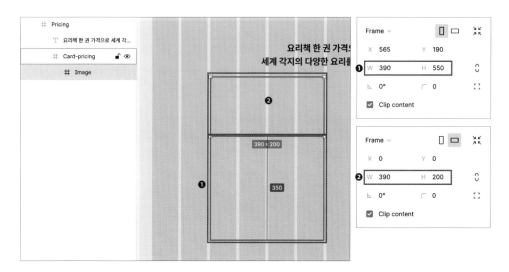

4. [예제 파일 12장 Assets]에 있는 '12-4'를 복사한 후, Image 프레임에 붙여넣기 합니다. 그리고 프레임에 맞게 이미지 사이즈와 위치를 조정합니다.

5. 이제는 이미지 아래에 어떤 가격 플랜이 있는지 상세히 적어 줄 차례입니다. 그 전에 텍스트가 더 또렷이 잘 보이도록 Card-pricing 프레임에 배경 색상을 넣겠습니다. 배경은 Fill 패널에서 'fff'로 설정합니다.

6. 상단 이미지에서 30px 밑에 가격 플랜의 타이틀을 입력하겠습니다. 왼쪽 카드는 '베이직 멤버스' 플랜입니다. Text 스타일에서 'Text/Title/24'를 선택해 주세요. 색상은 '333'입니다. 카드에서 중앙 정렬로 설정해 주세요.

7. 이번 섹션에서 가장 중요한 부분인 가격을 표시해 주겠습니다. 타이틀 18px 밑에 '월'과 '9,900원'을 별도로 입력한 다음, '월'에는 'Text/Body-Text/15' 스타일을 적용하고, '9,900원'에는 별도의 스타일을 적용해 줍니다. 이 두 텍스트는 서로 아래 정렬로 하단 끝을 맞춥니다.

8. 자, 이제 가격이 커져도 알아서 레이아웃이 조정되도록 오토 레이아웃을 적용하겠습니다. '월'과 '9,900원'의 간격은 '4'로 하겠습니다. 만약 오토 레이아웃을 추가한 뒤 두 레이어가 상단 정렬로 맞춰졌다면, 정렬 팝업에서 하단 중앙을 다시 선택합니다.

9. 가격이 커져도 카드에서는 중앙 정렬되도록 설정해 줘야 합니다. Price 레이어의 Constraints 패널에서 가로 설정을 'Center'로 해 주세요.

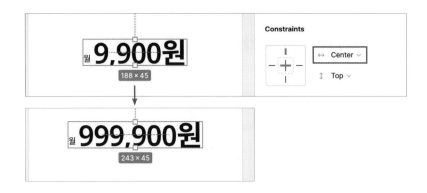

10. 그 다음 '베이직 멤버스'에서 제공되는 기능들을 알려 줘야 합니다. '월 9,900원' 22px 밑에 '재료 배송(2-3일 소요)', '5개 나라 선택 가능'을 각 각 입력한 뒤, 'Text/BodyText/15'와 색상 '666'을 입력해 주세요.

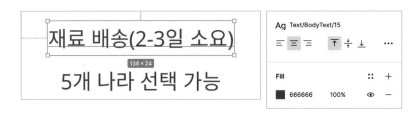

11. 텍스트들의 순서, 간격들을 손쉽게 조정할 수 있도록 오토 레이아웃을 적용해 보겠습니다. 레이어명은 'Features'로 해 주세요. 텍스트 간격 은 '6'으로 설정한 뒤, Card-Pricing 프레임에서 중앙 정렬합니다. 문장 이 길어져도 카드에서 중앙 정렬되도록 Constraints 패널의 가로 설정 을 'Center'로 합니다.

12. 카드의 마지막 요소인 버튼을 넣어 보겠습니다. 이 버튼은 베이직 멤버스 플랜을 시작할 수 있도록 유도하는 역할을 합니다. 프리미엄 멤버스의 버튼과 크기를 동일하게 하기 위해 오토 레이아웃은 사용하지 않겠습니다. 툴바의 Shape Tools에서 'Rectangle'을 선택해 200px×60px 도형을 그려 줍니다. 라운드는 100px로 설정하고, 색상은 '222'로 설정합니다.

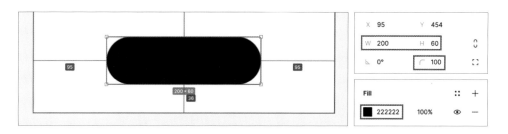

13. 이제 버튼 라벨을 넣어 줘야겠죠? '베이직 시작하기'를 도형 안에 입력해 준 뒤 텍스트 스타일을 'Text/BodyText/15'로 설정합니다. 위치는 가로, 세로 중앙으로 해 주세요.

14. 플랜 시작을 유도하는 버튼인데, 등록된 스타일은 폰트가 얇아 힘없어 보이네요. 그렇다면 다른 스타일을 적용해야 할 것 같습니다. ⚡을 클릭해 기존의 디자인을 해제하고 폰트 굵기를 'Bold'로 변경해 주세요. 좀 더 눈에 잘 들어오는 버튼이 되었네요!

15. 배경과 좀 더 구분해 주기 위해 마무리로 Card-pricing 프레임에 스트
로크를 추가하겠습니다. Stroke 패널에서 ⊞를 클릭합니다. 색상은
'E7', 두께는 '1px'를 입력합니다.

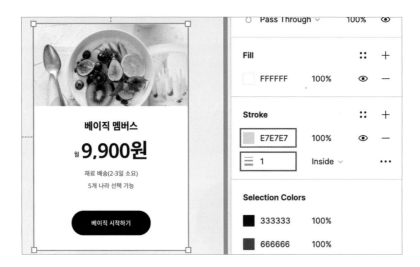

16. 오른쪽에 다른 가격 플랜도 만들어 주겠습니다. 앞서 만든 Card-pric-
ing 프레임에서 마우스 오른쪽 버튼을 클릭해 'Create Component'를
선택한 뒤, 10px 여백을 두고 오른쪽에 인스턴스를 만들어 줍니다.

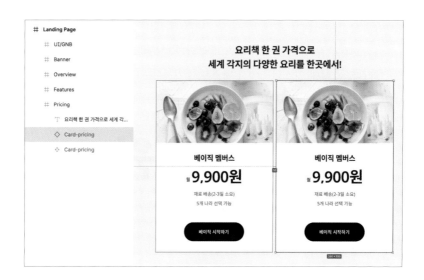

17. 오른쪽 인스턴스의 이미지도 변경해 보겠습니다. [예제 파일 12장 As-sets]에 있는 '12-5' 이미지에서 마우스 오른쪽 버튼을 클릭해 'Copy Properties'로 복사한 후, Image 프레임 안 이미지에 붙여넣기 합니다. 그 다음, 플랜의 타이틀과 가격도 변경해 주세요.

18. 가격 플랜에서 제공되는 기능들도 수정해 줍니다. 프리미엄 멤버스는 베이직 멤버스보다 기능이 하나 더 제공되기 때문에 텍스트를 추가해 줘야합니다. 그런데 인스턴스에서 텍스트 추가는 불가능하기 때문에 마스터 컴포넌트에서 텍스트 영역을 하나 더 추가하는 방법을 쓰겠습니다.

19. 왼쪽 마스터 컴포넌트에서 '5개 나라 선택 가능'을 복제합니다. [cmd+D][ctrl+D]를 눌러 '베이직 멤버스'에서는 두 가지 기능만 제공되므로 맨 밑 텍스트를 아무거나 추가한 후 Layer 패널에서 투명도를 0으로 조정해 보이지 않게 합니다.

20. 오른쪽 '프리미엄 멤버스'로 다시 돌아와 마스터 컴포넌트에서 추가된 텍스트 영역의 투명도를 Layer 패널에서 '100%'로 수정해 눈에 보이게 한 후 '오프라인 책자 제공'으로 수정합니다.

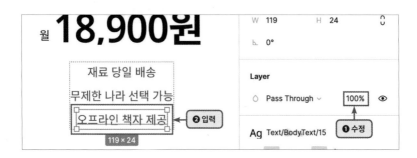

21. 하단의 버튼 라벨도 '프리미엄 시작하기'로 변경해 주면 가격 섹션 디
    자인도 끝났습니다!

12.7 클로징 배너 영역 디자인하기

랜딩 페이지의 마지막 부분인 클로징 배너 영역을 만들 차례입니다. 클로
징 배너의 경우, 이 랜딩 페이지에서 읽은 내용을 토대로 마지막으로 한번
더 전환을 유도하는 역할을 합니다. 디자인 과정은 인트로 배너를 제작할
때와 거의 동일하니 간단하게 알아보겠습니다.

1. 1920px×300px 프레임을 생성하고, 프레임 이름은 'Banner-closing'으
   로 해 줍니다. [예제 파일 12장] Assets 프레임에 있는 '12-6' 이미지를
   복사한 후, Banner-closing 프레임에 붙여넣기 합니다. 그 후 생성된
   이미지 레이어의 크기와 위치를 잘 조정해 줍니다. 이 레이어 위에 올
   라갈 텍스트의 가독성을 높이기 위해 이미지를 살짝 어둡게 해 보겠습
   니다. Fill 패널에서 투명도를 '70%'로 설정합니다.

2. 한 레이어에 이미지와 배경색을 넣어 텍스트의 가독성을 높이는 방법을 알아봤다면, 이번의 경우 프레임과 이미지 각각에 설정하는 방법을 알아봅니다.

3. 이제 배너 영역의 타이틀을 적어 줄 차례입니다. 스타일은 'Text/Title/30'으로, 색상은 'fff'로 설정합니다. 버튼은 인트로 배너에서 썼던 걸 복제해 가져옵니다.

4. 타이틀과 버튼과의 간격은 20px로 설정한 다음, 그룹 지어 배너에서 세로, 가로 중앙 정렬해 줍니다.

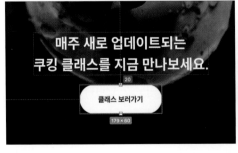
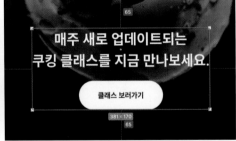

5. 자, 이렇게 배너만 마무리하면 랜딩 페이지 디자인이 모두 끝납니다.

12.8 태블릿, 모바일 화면 크기 대응하기

화면을 디자인할 때는 서비스의 특성을 염두에 두는 게 좋습니다. 온라인 쿠킹 클래스는 보통 어디서 많이 시청할까요? 대부분은 주방이겠죠. 요리할 때를 잘 생각해 보면 주방에서 그 커다란 노트북이나 데스크톱을 사용하는 건 어려울 겁니다. 그렇기에 쿠킹 클래스의 웹사이트는 태블릿 PC와 모바일 화면 크기는 꼭 대응되어야 합니다. 이번에는 화면 크기를 대응할 때 고려해야 할 것들을 알아보고, 반응형 웹 제작을 마무리해 보겠습니다.

브레이크포인트에 맞춰 디자인하기

우선 브레이크포인트를 정해 봅시다. 브레이크포인트를 정할 때는 Statcounter(*https://gs.statcounter.com/*)의 데이터를 참고해도 좋습니다. 많이 쓰이는 해상도, 디바이스와 OS 점유율 등이 나라별로 정리되어 있습니다.

태블릿 해상도 브레이크포인트는 한국에서 가장 많이 쓰는 768px(양쪽 여백 30px)로, 모바일은 414px(양쪽 여백 20px)로 지정해 봅시다. 그렇다면 768px보다 큰 화면에서는 앞서 작업한 데스크톱 시안이 보일 거고, 768px보다 창이 줄어들었을 때는 태블릿 레이아웃으로, 414px 아래는 모바일 레이아웃으로 변하겠죠? 이때 시안은 768px, 414px 프레임에 맞춰 제작 후, 개발팀에 공유하면 됩니다.

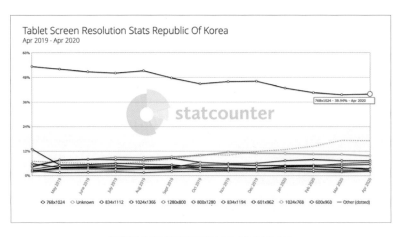

그림 12-4 한국에서 가장 많이 쓰는 태블릿 해상도

레이아웃 고려하기

본격적으로 화면 디자인에 들어가기 전에, 어떤 식으로 레이아웃을 변경할지 고려해야 합니다. 그림 12-5의 A안처럼 데스크톱의 레이아웃을 유지하되 이미지나 텍스트 영역 등을 줄일 수도 있고, B안처럼 가로의 열들을 한 칸씩 밑으로 떨어뜨리는 방법도 있습니다.

　모두 다 장단점이 있습니다. A안의 경우 해상도가 768px 이상일 때 레이아웃은 유려하겠지만, 768px에서 414px로 줄어드는 과정에는 혜택 섹션의 가로 세 열은 너비가 좁아져 가독성이 매우 떨어질 겁니다. B안은 스크롤은 길어지지만 좀 더 내용이 시원시원하게 잘 읽힐 거고요. 쿠킹클래스는 태블릿 PC와 모바일 화면으로 접속하는 경우가 많을 거라 예상되기 때문에 데스크톱 이하 화면에는 B안을 추천합니다.

그림 12-5 A안(왼쪽)과 B안(오른쪽)

태블릿에서 모바일 화면 크기 대응하기

그림 12-6은 앞서 보았던 B안의 768px, 414px 프레임입니다. 414px 프레임은 768px에서 가로 사이즈만 줄여서 작업하면 되기 때문에 쉽게 모바일 화면에 대응할 수 있습니다.

이렇게 데스크톱, 태블릿 PC, 모바일 화면 시안을 제작해 개발팀에 전달하면, 개발팀은 레이아웃이 어떤 흐름으로 변해가는지 쉽게 이해할 수 있어 구현할 때 생기는 커뮤니케이션 비용이 줄어듭니다.

그림 12-6 태블릿 PC 해상도를 조정해 만든 모바일 레이아웃

13장

뉴스 앱 디자인하기

이 기능들을 사용했어요
Community(UI Kit), Layout Grid, Plugins(Feather Icons, Unsplash), Auto Layout, Component, Constraints

13.1 모바일 운영체제 이해하기

모바일 운영체제(mobile operating system)는 스마트폰이나 태블릿 PC 같은 디바이스들을 제어하고 앱을 실행해 주는 시스템 소프트웨어입니다. 대표적으로 애플의 iOS와 구글의 안드로이드가 있죠. 모바일 앱을 디자인하기 위해서는 각 운영체제의 특성과 개발 관련 지식은 꼭 알아 두어야 합니다. 그래야 작업 범위도 가늠할 수 있고 개발팀과의 커뮤니케이션도 원활해지기 때문이죠.

이번 장에서는 앱 디자인을 할 때 알아 두어야 할 기초 개념들을 짚어보고, 지금까지 익혀왔던 기능들을 앱 디자인할 때는 어떻게 활용하는지 살펴보겠습니다.

디스플레이 용어 이해하기

iOS나 안드로이드 운영체제를 탑재한 디바이스의 종류는 나날이 다양해지고 있습니다. 그만큼 스크린의 크기와 해상도, 픽셀 밀도, 비율의 가짓수 또한 많아졌는데요. 특히 디바이스의 해상도와 픽셀 밀도가 어떻게 되느냐에 따라 디자인 작업 환경이 달라지므로 각 개념은 꼭 숙지해야 합니다. 아이폰 11 pro를 예로 들어, 디스플레이와 관련된 용어들을 알아보겠습니다.

- 스크린 크기 : 화면의 대각선 길이를 말하고, 인치(inch)로 표기합니다. 아이폰 11 pro의 경우 스크린 크기는 5.8"입니다. 디바이스를 볼 때 스크린 크기와 해상도를 같이 알아 두면 어느 정도의 고해상도 화면을 탑재한 디바이스인지 알 수 있습니다.
- 해상도 : 화면에 보이는 픽셀의 총 개수입니다. 아이폰 11 pro의 해상도는 1125px×2436px이네요.
- 픽셀 밀도 : 1인치 안에 픽셀이 얼마나 들어 있는지 나타냅니다. 픽셀이 많을수록 고밀도가 되어 화면에 표현되는 요소가 선명하게 보입니다. 이 밀도는 dpi(Dots Per Inch)나 ppi(Pixels Per Inch)로 표기되는데, 아이폰 11 pro는 458ppi로 1인치 안에 458(가로)×458(세로)개의 픽셀이 들어 있다는 뜻입니다.
- 픽셀 비율 : 표현되는 픽셀(물리적 픽셀)과 실제로 보여지는 픽셀(논리적 픽셀)의 비율을 말합니다. 아이폰 11 pro는 실제로 보여지는 픽셀인 375px×812px에서 더 선명한 화면으로 보이기 위해 3배 더 큰 1125px×2436px을 축소시켜 고밀도화했죠. 여기서 3배가 픽셀 비율이 됩니다.

그림 13-1 아이폰 11 pro 디스플레이 정보

단위 개념 이해하기

안드로이드는 탑재되는 디바이스가 iOS에 비해 훨씬 다양한데요. 각기 다른 화면 크기에서 어떻게 최적화된 레이아웃이 보일 수 있을까요? 안드로이드의 단위 개념과 화면 밀도 체계를 이해하면 궁금증이 풀릴 겁니다.

안드로이드와 iOS는 서로 비슷한 개념의 단위를 사용합니다. 화면의 해상도가 달라도 하나의 요소가 디바이스마다 동일한 크기로 보이기 위해서 안드로이드는 DP(Device Independence Pixel), iOS는 PT(Points)라는 단위를 사용합니다. 예를 들어, 사각형이 모든 디바이스에서 동일한 크기로 보이도록 20dp×20dp(20pt×20pt)로 그려 넣으면 이 단위가 화면 밀도를 자동으로 계산해 해상도가 낮은 화면에서도, 높은 화면에서도 결국에는 같은 크기로 보입니다. 여기서 절대적인 값인 픽셀(pixel)을 사용해 20px×20px을 그려 넣으면, 해상도가 낮은 디바이스에서는 무난하게 보일지 몰라도 해상도가 높은 디바이스에서는 훨씬 작게 보일 겁니다.

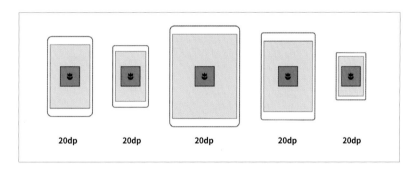

그림 13-2 dp를 사용해 만든 사각형

픽셀 밀도 이해하기

픽셀 밀도도 해상도만큼이나 다양합니다. 안드로이드는 이 상황을 고려하기라도 한 듯, 픽셀의 밀도를 일정 수로 분류했습니다. 대표적으로 mdpi, hdpi, xhdpi, xxhdpi, xxxhdpi가 있습니다. 여기서 mdpi(160dpi)는 1dp가 1px의 크기와 동일해 픽셀 비율이 1배이고, xxxhdpi는 그 기준의 4배입니다. 이렇게 픽셀이 고밀도화될수록 화면은 더욱 선명하게 보입니다.

안드로이드는 탑재되는 디바이스 종류가 워낙 많기 때문에 해상도와 비율을 잘 고려해 화면을 그리고 리소스를 사용해야 합니다. 보통은 폰트, 리소스 크기, 여백 등 수치를 계산하기 쉽도록 1배 비율인 360px×640px에 화면을 디자인합니다.

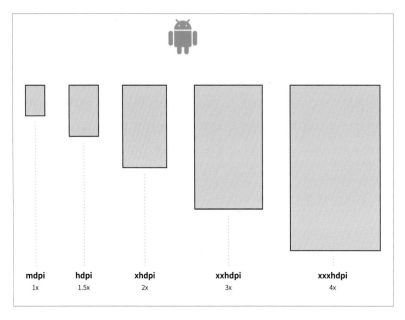

그림 13-3 안드로이드의 픽셀 밀도

iOS의 픽셀 밀도는 조금 더 간단하게 세 가지로 나뉩니다. 시안은 1배 비율인 375px×812px에 작업하고, 리소스는 1배, 2배, 3배 등 밀도의 가짓수에 맞춰 추출합니다. 추출한 리소스는 ico-bell@2x.png처럼 파일명 뒤에 @1x, @2x, @3x를 붙여 밀도를 구분하고 있습니다.

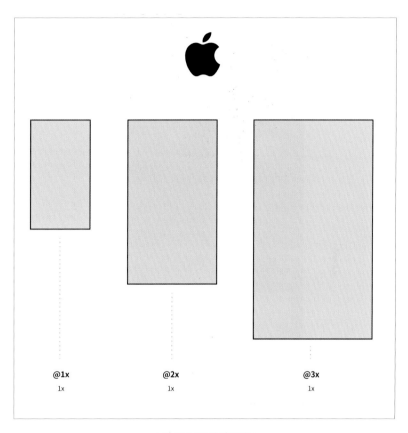

그림 13-4 iOS의 픽셀 밀도

13.2 뉴스 앱 디자인 준비하기

이번에는 모바일 뉴스 앱을 디자인해 보겠습니다. 안드로이드와 iOS 모두 운영되는 앱의 경우에 접속률이 더 높은 운영체제를 먼저 디자인해도 되고, 디자이너의 기호에 따라 혹은 기존 작업 방식에 따라 먼저 작업할 운영체제를 선택합니다. 이 뉴스 앱은 20~30대가 주로 사용하고, iOS 유입률이 좀 더 높다고 가정해 375px×812px를 기준으로 디자인해 볼게요. iOS 디자인이 모두 끝난 다음 안드로이드도 대응해 보겠습니다.

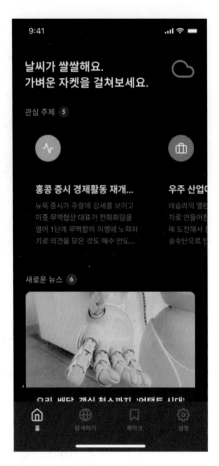

그림 13-5 뉴스 앱

13.3 상태 바, 홈 인디케이터 넣기

모든 디바이스에는 최상단에 시간과 배터리 상태를 알려 주는 상태 바 (status bar)가 있습니다. 아이폰의 경우 아이폰X부터 홈 버튼이 없어지고, 최하단에 바 형태의 홈 인디케이터가 생겼습니다. 앱을 디자인할 때는 실제 모바일에서 보는 느낌을 더해 주기 위해서 이러한 UI 요소들도 시안에 담겨 있는 게 좋습니다. 이때 피그마 커뮤니티에 있는 UI 키트(kit)를 활용하면 편리합니다.

UI 키트는 화면의 UI 요소들이 모두 그려져 있는 파일을 말합니다. UI 키트를 사용하는 방법에 대해 알아보고, 화면에 상태 바와 홈 인디케이터를 넣어 보겠습니다.

1. 먼저 뉴스 앱을 그려 넣을 프레임을 만들어야 합니다. 툴바에서 Frame을 선택한 뒤, 오른쪽 속성 패널에서 'iPhone 11 Pro/X'를 클릭합니다. 375px×812px 프레임이 만들어지면 Fill 패널에서 배경색을 '222'로 변경합니다. 프레임명은 'News App'으로 해 주세요.

2. 이제 상태 바와 홈 인디케이터를 넣을 차례입니다. UI 키트를 찾아야 하므로 파일 브라우저로 이동해 왼쪽 사이드바의 Community를 클릭합니다. 검색창에 'iOS Browser UI Kit'를 검색해 오른쪽 상단 'Duplicate'를 클릭하세요. 파일은 왼쪽 사이드바의 Drafts에서 찾을 수 있습니다.

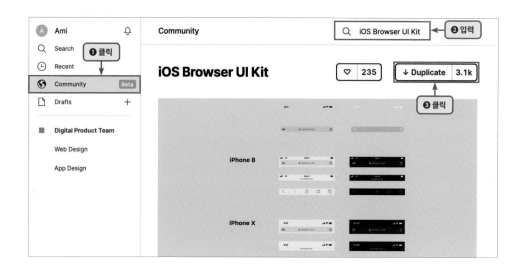

3. iOS Browser UI Kit 파일이 열리면, 프레임명 'statusbar/iPhone X dark background' 상태 바와 'home indicator light on dark'의 홈 인디케이터를 선택해 복사합니다.

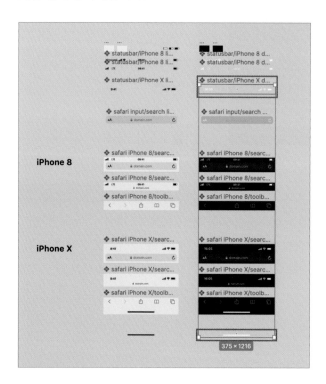

4. 1번에서 만들었던 프레임으로 돌아와, 상태 바와 홈 인디케이터를 붙여넣기 합니다. 상태 바는 프레임의 상단에, 홈 인디케이터는 하단에 자리를 잡아주면 됩니다. 직접 그리지 않고 오픈 소스로 요소를 아주 쉽게 넣었습니다. 이제 본격적으로 화면을 그리면 됩니다.

안전 영역 고려해 디자인하기

아이폰X부터는 디바이스의 테두리 두께(베젤)가 매우 얇아지고, 디스플레이 상단에 카메라, 스피커, 센서가 있는 노치(notch)가 생겼습니다. 아이폰뿐만 아니라 다른 종류의 디바이스들도 이러한 스타일을 따라가는 추세입니다. 이제는 앱 디자인을 할 때 필수적으로 안전 영역을 고려해야 합니다.

안전 영역(Safe area)은 둥근 모서리와 상태 바, 홈 인디케이터에 화면이 가려질 염려 없이, 온전히 잘 보여지는 영역을 말합니다. 앱 디자인을 할 때는 의도한 레이아웃이 잘 나타나도록 이 안전 영역을 고려해 디자인하는 것이 중요합니다.

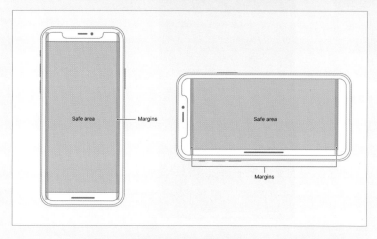

그림 13-6 아이폰X의 안전 영역

13.4 하단 탭바 디자인하기

앱 하단에는 여러 주요한 메뉴를 옮겨 다닐 수 있도록 하는 하단 탭바가 존재합니다. iOS에서는 탭바(tab bar)로, 안드로이드에서는 하단 내비게이션 바(bottom navigation bar)로 불리는 이 메뉴는 시인성(모양이나 색이 눈에 쉽게 띄는 성질)이 높고, 엄지손가락이 닿기 쉬운 위치에 있어서 메뉴의 접근성이 높습니다.

이번 뉴스 앱에도 하단 탭바를 사용할 건데요. 관심 주제의 뉴스와 새로운 뉴스 등을 한번에 모아볼 수 있는 '홈' 탭과 새로운 주제를 탐색할 수 있는 '탐색하기' 탭, 저장해 놓은 뉴스를 볼 수 있는 '북마크' 탭과 관심 주제, 계정 등을 관리하는 '설정' 탭을 하나씩 디자인하겠습니다.

1. 먼저 하단 탭바가 디자인될 프레임을 생성합니다. 375px×94px 프레임을 화면의 하단에 만들고, 색상을 '444'로 입력합니다. 프레임명은 'UI/Tabbar'로 해 주세요.

2. 탭은 총 4개이므로 전체 가로 너비를 4등분해 줘야 합니다. 여기서 레이아웃 그리드를 사용해 화면의 너비에 따라 탭의 크기가 자동 계산되도록 설정해 주겠습니다. 'UI/Tabbar' 프레임을 선택한 뒤, 오른쪽 속성 패널에서 'Layout Grid'를 추가합니다. 속성은 'Columns'으로 해 주고, Count는 '4'로 Gutter는 '1'로 해 주면 컬럼 4개가 생성됩니다. 하나의 컬럼이 탭 한 개가 되는 겁니다.

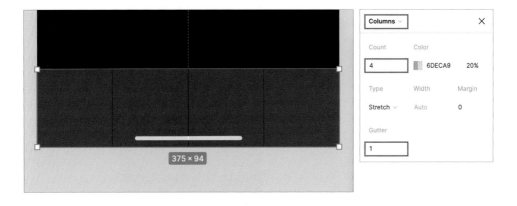

3. 아이콘과 탭 라벨이 들어갈 프레임을 만들어 보겠습니다. 크기는
   93px×60px이고, 홈 인디케이터바 바로 위에 생성하면 됩니다. 프레
   임명은 'UI/Tab'으로 해 주세요.

4. '홈' 탭의 아이콘을 넣겠습니다. 마우스 오른쪽 버튼을 클릭한 후
   Plugins - Feather Icons를 눌러 아이콘 플러그인을 실행합니다.

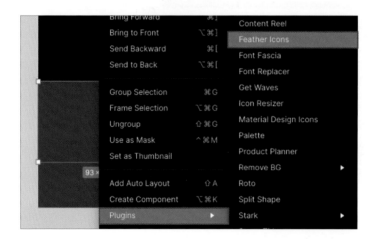

5. 'home' 키워드로 검색해 아이콘을 선택한 후 'UI/Tab' 프레임에 드래
   그 앤 드롭해 추가합니다.

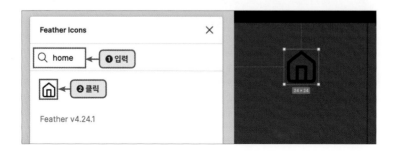

6. 상단에서 12px, 가로는 중앙 정렬해 주세요. 그 다음 아이콘 색상은 'fff'로 설정해 줍니다.

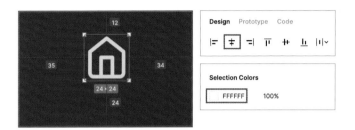

7. 탭 라벨을 추가하겠습니다. 텍스트 박스를 추가해 '홈'이라고 입력하세요. 아이콘과의 간격은 4px로 설정해 주세요.

8. 'UI/Tab' 홈 탭을 복사해 탐색하기 탭도 만들어 줍니다. 마찬가지로 Feather Icons 플러그인에서 아이콘을 'Globe' 형태로 교체하고, 탭 라벨은 '탐색하기'로 변경합니다. 여기서는 해야 할 일이 하나 더 있습니다. 선택된 메뉴와 선택되지 않은 메뉴를 구분해서 보여 주는 것입니다. 홈 화면을 디자인할 것이므로 나머지 메뉴는 불이 꺼진 듯한 느낌을 줘 비활성화 상태를 표현해 줍니다. 아이콘과 텍스트의 색상은 '999'로, 아래 탭 라벨은 'Bold'에서 'Regular'로 변경해 주세요.

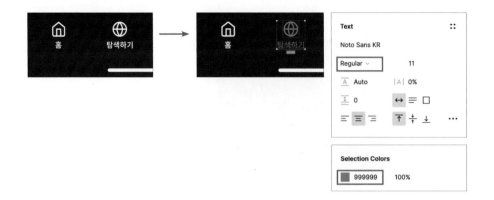

9. 북마크 탭과 설정 탭도 '탐색하기' 탭과 동일한 과정으로 만들면 됩니다. 북마크 탭은 'Bookmark'를, 설정 탭은 'Setting'을 검색해 아이콘을 추가합니다. 금세 하단 탭바가 만들어졌네요!

13.5 타이틀 영역 디자인하기

뉴스 앱의 홈 화면에는 오늘의 날씨와 옷차림에 관해 가벼운 코멘트가 적혀 있습니다. 지금부터 날씨 영역을 디자인해 보겠습니다.

1. 본격적으로 디자인하기 앞서 화면에 기본 여백을 설정해 줘야 합니다. 이번 뉴스 앱에서는 여백을 양옆 24px로 하고, 그에 맞춰 디자인하기 편하도록 레이아웃 그리드로 여백을 표시해 주겠습니다. News App 프레임을 선택한 뒤, 속성은 'Columns'으로 해 주고 Count는 '1', Margin을 '24', Gutter를 '0'으로 설정해 주세요.

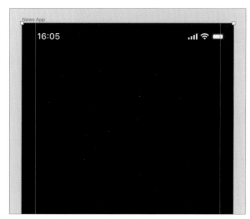

2. 옷차림 코멘트를 먼저 넣어 보겠습니다. 상태 바에서 30px 밑으로 문구를 넣어 준 뒤 텍스트 상자의 너비는 260px으로, 높이는 Text 패널에서 'Auto Height'로 설정합니다.

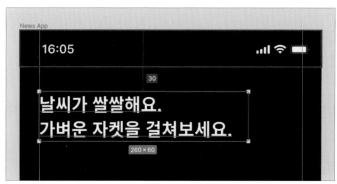

3. 타이틀 옆에 아이콘을 넣어 보겠습니다. 날씨가 쌀쌀하다고 하니 구름 아이콘이 들어가야겠어요. Feather Icons 플러그인에서 'weather'를 검색해 구름 아이콘을 클릭합니다. 크기는 44px×44px로 늘려 준 뒤, 상태 바에서 28px 밑으로 놓아주세요.

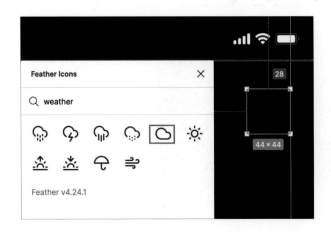

4. 구름 아이콘을 더 구름답게 만들어 보겠습니다. 구름 아이콘을 더블 클릭하면 cloud 프레임 안에 Vector가 선택됩니다. Stroke 패널에서 색상을 '699CF8'로 두께를 '4'로 설정합니다. 아까보다는 좀 더 선이 굵은 파란색 구름이 됩니다.

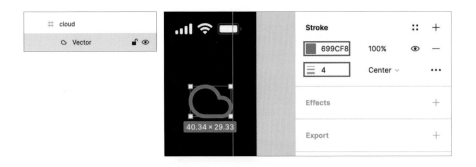

5. 자, 이렇게 타이틀 영역이 완성되었습니다. 간단하죠?

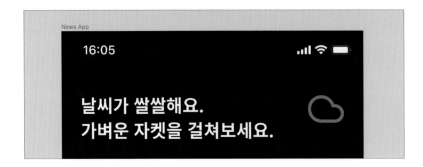

13.6 가로 스와이프 뉴스 디자인하기

이 뉴스 앱에는 두 종류의 뉴스 영역이 존재합니다. 상단에는 가로 스와이프해 살펴볼 수 있는 '관심 주제'의 뉴스가 있고, 하단에는 세로 스크롤해 보는 '새로운 뉴스'가 있습니다. 서로 방향이 다른 가로 스와이프와 세로 스크롤 특징들을 유의하며 뉴스 영역을 디자인하겠습니다.

1. '관심 주제'의 타이틀을 먼저 작업해 보겠습니다. 앞서 넣은 옷차림 코멘트에서 30px 밑으로 '관심 주제' 텍스트를 추가합니다. 오른쪽에는 업데이트된 뉴스의 개수를 표시하는 배지에 '5'를 입력합니다. 상세한 스타일은 패널 스크린샷을 참고해 주세요.

2. 이 배지에는 배경을 넣어 눈에 좀 더 띄게 해 주겠습니다. 숫자의 자릿수가 늘어나면 배경도 같이 늘어나야 하므로 오토 레이아웃을 적용해 주겠습니다. 마지막으로 관심 주제와의 간격은 6px로 해 주세요. 일단 '관심 주제'라고 적어 두기는 했지만 제목은 나중에 변경될 수도 있습니다. 어떤 길이의 제목이 와도 간격이 유지될 수 있도록 '관심 주제'와 배지를 함께 선택해 오토 레이아웃을 한 번 더 적용해 주세요.

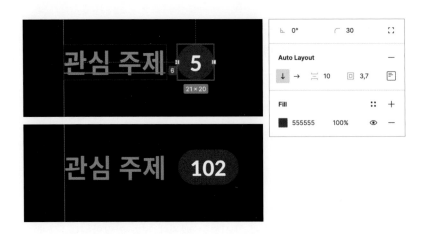

3. 이제 관심 주제의 뉴스 카드를 만들어 볼 차례입니다. 뉴스 카드에는 기사의 주제를 나타내는 아이콘과 기사 제목, 기사 본문의 일부가 박스 형태에 담깁니다. '관심 주제' 타이틀 밑으로 14px 떨어진 곳에 카드 배경인 240px×250px 프레임을 만들어 주세요.

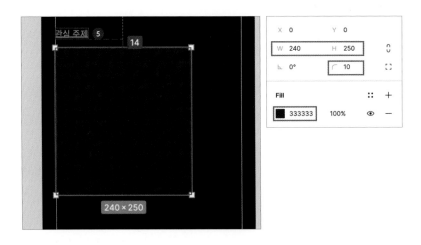

4. 뉴스 카드 상단에는 '주제 아이콘'이 있습니다. 뉴스의 주제를 한눈에 알 수 있도록 아이콘으로 표시한 것이죠. 뉴스마다 아이콘이 들어갈 것이므로 컴포넌트로 관리하겠습니다. 그러면 다른 주제로 바뀔 때 아이콘을 교체하기가 한층 간편해질 겁니다. 컴포넌트로 만들어질 아이콘은 한곳에서 관리하면 수월하므로 아이콘들만 모여 있는 별도

의 프레임을 먼저 만들겠습니다. News App 옆에 400px×200px 프레임을 만든 후, 레이어명은 'Masters'로 합니다. 그리고 그 안에 툴바의 Rectangle 오른쪽 화살표에서 Ellipse를 선택해 50px×50px의 원을 만들어 줍니다.

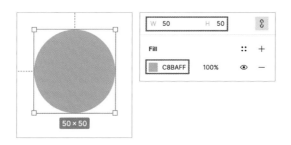

5. 배경 안에 아이콘을 넣어 줄 차례입니다. 먼저 '주식' 주제에 맞는 아이콘을 넣어 보겠습니다. Feather Icons 플러그인을 열어 'activity'를 검색해 아이콘을 추가해 주세요.

6. 그 다음 아이콘의 색상을 'fff'로 변경합니다. 배경과 아이콘을 동시에 선택해 단축키 [cmd+G][ctrl+G]를 눌러 하나의 그룹으로 만들어 주고, 그룹명은 'Icon/Stock'으로 해 주세요.

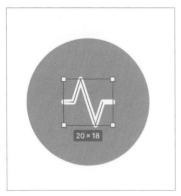

7. 주식 주제에 맞는 아이콘이 만들어졌네요! 같은 과정으로 아이콘을 두 개 더 만들어 볼게요. 주식 아이콘 오른쪽에는 비즈니스 주제를 위해 '0FAA58' 배경과 'briefcase'를 검색해 아이콘을 넣어 주세요. 그 다음엔 영화 주제를 위해 'FFC700' 배경과 'film'을 검색해 아이콘을 추가합니다. 그리고 각각 그룹을 만들어 주세요. 초록색 원과 아이콘은 'Icon/Business'로, 노란색 원과 아이콘은 'Icon/Movie'로 그룹명을 짓습니다.

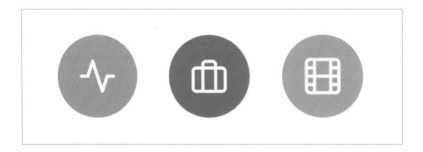

8. 이제 이 아이콘들을 컴포넌트로 변경해 보겠습니다. 아이콘들을 모두 선택한 뒤, 툴바에서 컴포넌트 아이콘 옆 '화살표'를 클릭합니다. 드롭다운 메뉴에서 'Create Multiple Components' 메뉴를 클릭해 한꺼번에 컴포넌트로 전환합니다.

9. 뉴스 카드로 다시 돌아가 주식 주제 아이콘을 추가해 보겠습니다. Masters 프레임에서 만들어 둔 Icon/Stock 컴포넌트를 복사 후, 카드 왼쪽 상단을 기준으로 20px 떨어진 곳에 붙여넣기 해 주세요.

10. 이제 뉴스의 타이틀을 넣어 보겠습니다. 좌우 여백은 20px, 카드의 상단에서 110px 떨어진 곳에 '홍콩 증시 경제활동 재개...'를 입력합니다. 이 카드는 홈 화면에서 뉴스 전문 보기가 아닌 미리 보기에 가까우므로, 뉴스 타이틀이 카드의 너비보다 길어질 경우 잘리는 부분을 '...' 처리하면 됩니다.

11. 다음으로는 뉴스의 본문을 넣어 보겠습니다. 타이틀과 마찬가지로 카드의 높이보다 글이 길기 때문에, 글 끝에 '…'를 표시해 주겠습니다.

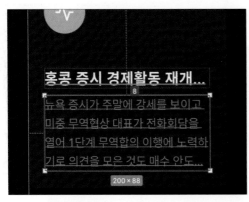

12. 관심 주제 뉴스는 가로 스와이프해 보는 영역이므로, 똑같이 생긴 카드를 오른쪽에 더 생성해 줘야 합니다. 이때 컴포넌트를 활용해 나중에 카드 디자인이 살짝 변경되더라도 다른 카드들에도 한번에 반영되도록 합니다. 카드 전체를 선택해 오른쪽 클릭 후 'Create Component' 클릭합니다. 컴포넌트명은 'UI/Card-1'로 해 주세요.

13. 만들어진 UI/Card-1 컴포넌트를 선택한 뒤, [opt][alt]를 누른 채 드래그 앤 드롭해 복제합니다. 첫 번째 컴포넌트와의 간격은 16px로 설정해 주세요.

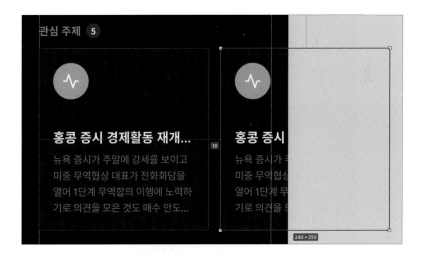

14. 오른쪽 카드는 비즈니스와 관련된 뉴스입니다. 아이콘을 변경해 첫 번째 카드와는 다른 주제라는 것을 나타내겠습니다. 아이콘을 클릭한 뒤, Instance 패널에서 'Stock'으로 표시되는 부분을 클릭해 'Business'

를 선택하면 아이콘이 변경됩니다. 이렇게 자주 쓰이는 요소들은 컴포넌트로 만들어 두면 교체가 더욱 쉬워집니다.

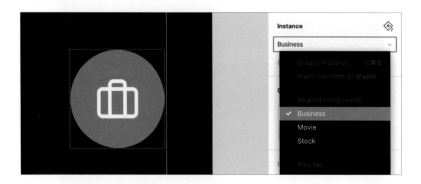

15. 자, 마지막으로 타이틀과 본문만 다른 문구들로 교체해 주면 가로 스와이프 뉴스 디자인은 끝납니다.

13.7 세로 스크롤 뉴스 디자인하기

새로운 뉴스 영역은 최신 뉴스를 모두 보여 주는 공간입니다. 관심 주제 뉴스는 가로로 스와이프하면서 간편히 살펴보는 영역이었다면 새로운 뉴스 영역은 화면 전체를 스크롤 해야 합니다. 뉴스양이 많아질수록 스크롤의 길이도 길어지겠죠? 작업 순서는 앞서 만든 관심 주제 뉴스와 비슷합니다.

1. 먼저 새로운 뉴스 타이틀을 만들어 줍니다. 상단에 생성해 놓은 '관심 주제' 타이틀을 뉴스 카드 30px 아래에 복사 붙여넣기 해 주세요. 그 다음 텍스트를 '새로운 뉴스'와 업데이트 개수는 '6'으로 변경합니다.

2. 타이틀 12px 아래에 327px×330px 프레임을 만들고 프레임명은 'UI/Card-2'로 합니다. 뉴스 내용이 화면을 넘칠 수 있으므로 'Clip content'를 체크합니다.

TIP
　　Clip content는 109쪽에서 설명했습니다.

3. 그리고 그 안에 사진이 들어갈 프레임을 하나 더 만들어 줄 겁니다. 327px×180px 프레임을 생성한 뒤 배경 프레임을 기준으로 상단에 둡니다. 프레임명은 'Image'로 입력해 주세요.

4. 첫 번째 뉴스는 로봇과 관련된 뉴스로 만들어 보겠습니다. 먼저 대표 이미지를 넣겠습니다. Image 프레임을 선택한 후 마우스 오른쪽 버튼을 클릭해 Plugin의 Unsplash 플러그인을 엽니다. Unsplash 화면에서 'Search' 메뉴를 클릭한 뒤, 'Robot'을 검색합니다. 결과 중에서 'Franck V.'의 이미지를 넣어 주세요.

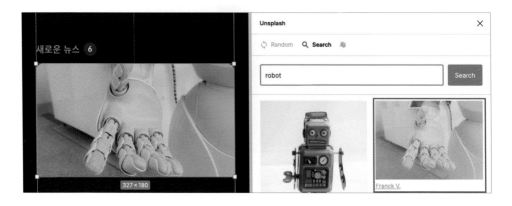

5. 이제 타이틀과 본문을 넣어 보겠습니다. 하단 탭바에 카드가 가려져 텍스트 삽입이 쉽지 않네요. News App 프레임 오른쪽으로 살짝 카드를 빼고 작업이 끝나면 다시 화면 안으로 넣겠습니다. '관심 주제' 뉴스 카드에 넣었던 타이틀과 본문을 복제해 그대로 가져와 주세요. 너비는 287px로 수정합니다. 새로운 뉴스는 관심 주제 뉴스 카드보다 크기가 좀 더 크기 때문에 들어가는 문구량이 조금 더 많습니다. 문구 변경과 위치 조정이 끝났다면 다시 News App 프레임으로 넣어 주세요.

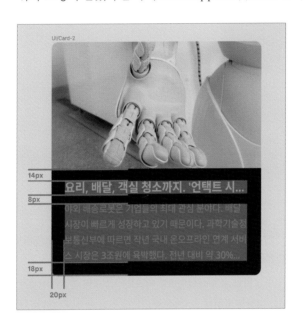

6. 자, 이렇게 뉴스 앱 디자인이 끝났습니다.

한 화면에서 고려되어야 하는 여러 상황

한 화면 안에는 여러 상황이 숨어 있습니다. 화면을 로딩하거나 갑자기 인터넷이 끊기거나 하는 것들 말이죠. 이런 상황에 대처하는 화면들도 준비해 두어야 사용자들에게 지속적으로 좋은 경험을 제공할 수 있습니다. 앱을 켰을 때부터 뉴스를 보기 전까지의 흐름을 머릿속에서 스토리보드 그리듯 상상하고, 필요한 화면과 요소들을 발견해 보세요.

• 로딩 화면

• 스크롤 내렸을 때의 화면 변화

• 에러 화면(인터넷 연결 실패, 대표 이미지 불러오기 실패 등)

13.8 안드로이드 대응하기

iOS 시안 작업이 끝났으니 안드로이드 화면에도 대응하겠습니다. 앞서 말씀드렸듯 안드로이드를 탑재하는 디바이스는 정말 다양하기에 여러 비율의 화면에서 레이아웃이 잘 나오는지 확인해야 합니다. 어떤 부분을 가변 영역으로 하고, 고정으로 할지 잘 고려해 디자인하는 것도 중요하지만, 실제 구현하는 것은 개발팀이므로 이 사항들을 온전히 전달하는 것도 매우 중요합니다.

이때 피그마의 컨스트레인트를 활용하면 개발자가 직접 프레임의 크기를 자유자재로 변형해 보며 영역의 특성을 파악할 수 있습니다. 자, 그럼 iOS 시안에 컨스트레인트를 적용해 안드로이드 화면에 대응해 보겠습니다.

1. News App 프레임을 복제한 뒤, 프레임명을 'News App - Android'로 변경해 주세요. 먼저 타이틀 영역부터 컨스트레인트를 적용하겠습니다. 옷차림 코멘트 텍스트의 좌우 여백 값은 변하지 않고, 텍스트 상자 너비만 가변적으로 변하는 영역이기에 Constraints 패널에서 가로 설정을 'Left&Right'로, 세로는 'Top'으로 설정합니다.

2. 오른쪽 날씨 아이콘은 크기 변함없이 오른쪽에 위치가 고정되어야 하므로 'Right', 'Top' 설정합니다. 이렇게 설정하면 프레임의 크기가 줄어들었을 때 텍스트 영역의 너비가 줄어들어 줄 바꿈이 생기고, 아이콘의 크기는 변하지 않습니다.

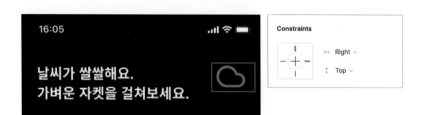

3. '관심 주제', '새로운 뉴스' 타이틀의 경우 텍스트가 그다지 길지 않기 때문에 전체 프레임 크기에 큰 영향을 받지 않습니다. 가로 스와이프 뉴스는 가로로 넘기면서 보는 영역이기에 화면 크기가 줄거나 늘 때 크기나 위치에 변화를 주지 않아도 됩니다. 그렇기에 타이틀들과 가로 스와이프 뉴스 영역은 Constraints 패널에서 'Left', 'Top'으로 설정해 줍니다.

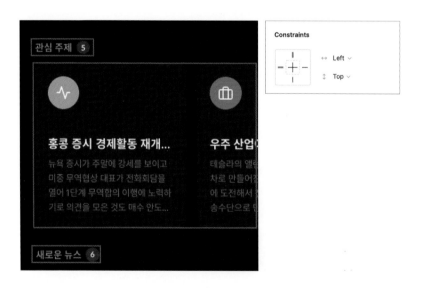

4. 이제 세로 스크롤 뉴스에도 컨스트레인트를 적용하겠습니다. 이 뉴스 카드의 경우 해상도가 커지면 좌우 여백을 제외하고, 이미지와 텍스트가 포함된 카드 영역은 같이 늘어나야 합니다. 그렇기에 UI/Card-2 와 Image 프레임, 각 텍스트에서 Constraints 패널의 값을 'Left&Right',

'Top'으로 설정해 줍니다. 그러면 화면 크기가 가로로 커질 때 뉴스 카드의 세로 높이는 고정인 채로 가로로 같이 커집니다.

5. 하단 탭바에도 컨스트레인트를 적용해 보겠습니다. 탭바의 전체 너비가 어떤 해상도에서든지 100%가 되어야 하고, 화면의 하단에 놓여야 하므로 UI/Tabbar 프레임은 Constraints 패널에서 'Left&Right', 'Bottom'을 적용합니다.

6. 탭 하나의 가로 너비는 전체 너비의 1/4인데요. 화면의 크기가 변해도 1/4을 유지할 수 있도록 'Left&Right', 'Top'으로 설정해 주세요.

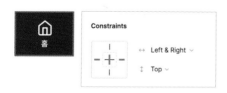

7. 탭 안에 있는 아이콘과 탭 라벨에는 항상 가로 중앙에 위치하도록 'Center', 'Top'을 설정해 줍니다. 자, 이렇게 컨스트레인트 설정이 끝났습니다!

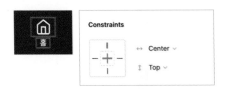

8. 해상도를 변경해 컨스트레인트가 잘 적용됐는지 확인해 보겠습니다. News App - Android 프레임 선택 후, 오른쪽 속성 패널에서 'Frame'을 클릭합니다. 드롭다운 메뉴에서 'Android'를 클릭한 후 프레임의 크기를 360px×640px으로 변경해 주세요.

9. 컨스트레인트를 적용하면 이렇게 다른 해상도에서도 간단하게 시안을 확인할 수 있습니다.

안드로이드용 UI로 변경하기

상태 바와 홈 인디케이터는 iOS용으로 되어 있으니 이 두 개도 안드로이드용 UI로 변경해 보겠습니다. 먼저 상태 바부터 변경해 줄 건데요. iOS는 아이폰에만 탑재되기 때문에 정해진 상태 바의 모양이 있지만, 안드로이드 디바이스는 매우 다양한 모양의 상태 바가 쓰입니다. 여기서는 구글에서 제공하는 Material Dark Theme Design Kit에서 상태 바를 가져와 보겠습니다.

1. 피그마 커뮤니티에서 Material Dark Theme Design Kit를 검색해 'Duplicate'를 클릭해 주세요.

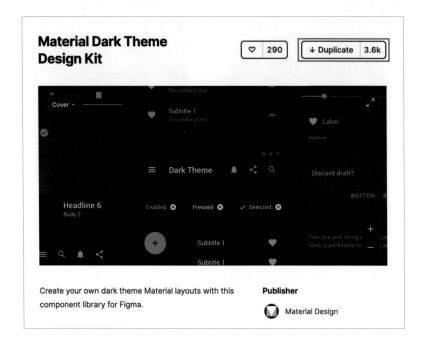

2. 파일을 열면 레이어 패널에 여러 페이지들이 보일 거예요. 그중에서 Components 페이지의 Elements 프레임 안에 들어 있는 System bar 마스터 컴포넌트를 복사합니다.

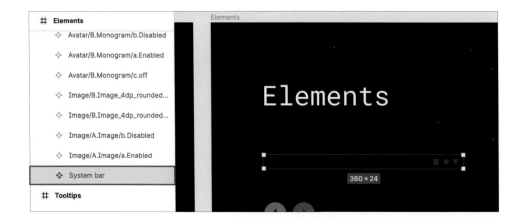

3. 작업하던 News App - Android 프레임 상단에 붙여넣기한 뒤, 아래 영역들과의 간격을 30px로 조정해 줍니다.

4. 맨 하단에 있던 홈 인디케이터는 삭제해 주세요. 그리고 하단 탭바 UI/Tabbar 프레임의 높이를 66px로 해 줍니다.

5. 이제 안드로이드 대응을 모두 마쳤습니다. 컨스트레인트를 적용해 다른 디바이스의 화면 크기로도 자유롭게 변형해 보세요!

14장

와이어프레임과 프로토타입으로 화면 설계하기

14.1 와이어프레임과 프로토타입이 필요한 이유

웹이나 앱을 제작할 때에는 화면을 먼저 설계한 뒤 디자인과 개발을 진행합니다. 화면을 설계할 때에는 화면 내 필요한 기능들과 흐름을 다른 팀원들도 이해할 수 있도록 와이어프레임을 그리고, 프로토타입 작업을 거치기도 합니다.

이번에는 와이어프레임과 프로토타입이 정확히 어떤 작업이고, 그 작업들을 통해서 우리가 얻을 수 있는 것들에 대해 가볍게 알아봅니다. 피그마는 한곳에서 와이어프레임과 프로토타입 작업이 가능하니 이번 기회에 직접 와이어프레임과 프로토타입을 제작해 보세요.

와이어프레임

와이어프레임(wireframe)은 화면에 필요한 요소들을 단순한 선과 면으로 그려놓은 것입니다. 한마디로 화면의 뼈대입니다. 그림 14-1은 글쓰기 앱의 와이어프레임인데요. 간단해 보이지만 와이어프레임에서는 화면에 들어가야 할 기능, 정보들의 우선순위와 화면의 흐름 등을 고려해 모든 요소가 전략적으로 설계되어야 합니다.

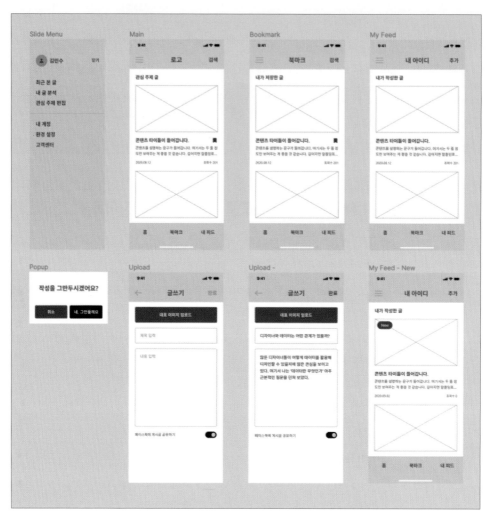

그림 14-1 글쓰기 앱의 와이어프레임

프로토타이핑

프로토타이핑이라는 단어는 많이 들어 보셨을 겁니다. 프로토타이핑 (Prototyping)은 정적인 화면을 실제 구현한 것처럼 작동시켜볼 수 있도록 인터랙션을 더하는 작업입니다. 서비스를 본격적으로 개발하기 전에 프로토타이핑해 보면서 사용성을 미리 검증하고 보완할 수 있습니다.

와이어프레임 작업이 끝나면 피그마 자체에서 프로토타이핑을 바로 해 볼 수 있습니다. 실제 모바일 디바이스에서 작동하다 보면 앱이 벌써 완성된 것처럼 느껴질 겁니다.

그림 14-2 글쓰기 앱의 프로토타이핑

디지털 프로덕트 제작 프로세스

요즘 디지털 프로덕트 디자이너, 프로덕트 매니저, 프로덕트 오너 직군이 많이 각광받고 있습니다. 이들의 공통점은 대부분 디지털 프로덕트를 만들고 있다는 건데요. 여기서 디지털 프로덕트(digital product)란 웹이나 모바일 앱처럼 디지털 인터페이스를 통해 상호작용하는 소프트웨어를 말합니다.

하나의 프로덕트, 즉 우리가 흔히 얘기하는 '서비스'가 나오기 위해서는 여러 단계를 거쳐야 합니다. 먼저 어떤 웹이나 앱을 만들 건지 혹은 어떤 기능을 추가할 건지 요구 분석을 하고 필요한 기능과 화면을 설계해야 합니다. 그 다음 화면을 디자인하고, 필요한 기능들을 개발한 뒤 테스트하고 출시합니다. 그림 14-3은 그 제작 과정을 단계별로 보여 줍니다.

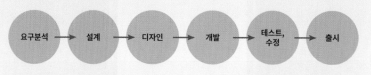

그림 14-3 디지털 프로덕트 제작 프로세스

요즘은 이 배포 주기를 짧게 가져가는 편입니다. 시장의 반응을 빨리 접할 수 있어 사용자 피드백에도 신속하게 대응할 수 있을 뿐만 아니라, 결과의 측정과 분석도 앞당길 수 있기에 그만큼 완성도 있는 서비스를 만들 수 있습니다.

14.2 스케치하며 화면 기획하기

이제 와이어프레임과 프로토타입을 피그마에서 만들어 볼 텐데요. 글쓰기 앱을 실전처럼 기획해 보고, 와이어프레임으로 화면을 설계해 보겠습니다.

사용자 시나리오 작성하기

앱을 처음 기획할 때는 보통 비슷한 앱을 벤치마킹하거나 팀원들의 아이디어를 바탕으로 기능들을 정의하곤 합니다. 이때 사용자의 입장이 되어 시나리오를 작성해 보는 게 도움이 됩니다. 사용자 시나리오란 특정 사용자가 서비스를 사용하면서 경험하는 모든 과정을 가정해 놓은 것입니다. 이를 통해 서비스 전체의 윤곽을 알 수 있고, 사용자가 무엇을 원하고 필요로 하는지 아이디어를 얻을 수도 있습니다. 추후에 사용성 테스트를 할 때도 활용할 수 있습니다.

사용자 시나리오는 작성하기 전에 사용자의 상황을 설정해야 합니다. 최근에 글쓰기에 관심이 생긴 사용자를 가정하고, 처음 앱을 설치한 후 사용해 보는 과정들을 구체적으로 나열해 보겠습니다.

표 14-1 사용자 시나리오

	사용자 설정 : 틈틈이 글을 읽고, 써 보기 위해 앱 설치 후 처음 방문한 사용자				
행동	앱을 열고 간단한 소개글을 읽어 앱을 이해한다.	다른 사용자들의 글을 탐색한다.	관심 있는 주제의 글을 읽는다.	북마크 버튼을 눌렀더니 회원 가입 화면이 떠, 가입을 완료했다.	글 작성하기 버튼을 눌러 어떻게 작성하는지 살펴본다.
요구	앱에 대해 알고 싶고, 둘러 보고 싶다.	특정 주제의 글들을 골라 보고 싶다.	괜찮은 글을 저장해 두고 싶다.	회원 가입을 하면 뭐가 좋은지 알고 싶다.	조금 작성해 보고, 나중에 다시 이어가고 싶다.
화면	회원 가입 화면	글 리스트	글 상세	회원 가입	글 작성
제공	-글쓰기 앱 설명 -SNS 로그인 -이메일 로그인 -건너뛰기	-주제별 필터 -정렬(인기순, 최신순 등) -인기 작가의 글	-북마크 버튼 -비슷한 주제의 글 추천	-설명 추가(추천 시스템, 인기 작가들의 사용 후기 등)	-자동 저장 -임시 저장된 글 목록

사용자 시나리오를 작성하면 사용자에게 필요한 화면과 기능 등을 알게 됩니다. 크게는 다음과 같은 화면들이 필요하겠네요.

1. 회원 가입(로그인 버튼과 앱에 대한 설명이 있는 화면)
2. 홈(다른 사용자들의 글을 볼 수 있는 화면)
3. 슬라이드 메뉴(임시 저장한 글, 최근 본 글, 계정 설정 등 메뉴가 있는 화면)

4. 북마크(저장한 글이 보관되는 화면)

5. 내 피드(작성한 글을 확인할 수 있는 화면)

6. 글 작성(글을 작성하는 화면)

기획 파일 만들기

기획 파일을 따로 만들어 과정마다 페이지를 분리해 놓으면 아이디어 단계부터 화면 설계가 끝날 때까지의 고민 흔적을 살펴볼 수 있습니다. 또한 진행 단계별로 페이지를 분리하고, 기획할 때 유용한 템플릿을 찾아 모아 두면 언제든지 필요할 때마다 꺼내어 활용할 수 있습니다. 커뮤니티에서 'User story map', 'journey map' 등을 검색해 자신에게 적합한 템플릿을 찾아 보세요.

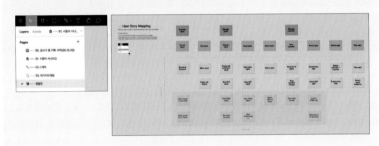

그림 14-4 User Story Mapping 템플릿

화면 스케치 시작하기

와이어프레임 작업에 앞서 글쓰기 앱 화면의 스케치부터 살펴보겠습니다. 스케치는 작업 속도가 빠르고, 표현에 제약이 없어 생각하던 것들을 쉽게 정리할 수 있는 장점이 있습니다. 화면을 그리며 고민했던 것들과 생각의 과정들을 화면 순서에 따라 얘기해 보겠습니다.

❶ 공통 요소

앱 화면에 공통으로 들어가는 상단 내비게이션 바와 하단 탭바입니다. 상단의 내비게이션 바는 메뉴 버튼, 타이틀, 그 외의 버튼으로 구성됩니다. 메뉴 버튼을 누르면 최근 읽은 글, 계정 설정 등 사용자 개인과 관련된 메뉴가 슬라이드 형태로 나옵니다.

가운데는 현재 어떤 화면에 있는지 타이틀로 알려 주고, 오른쪽에는 각 화면마다 필요한 버튼을 다르게 넣어 줍니다. 하단의 탭바에는 사용자가 자주 마주하게 될 홈, 북마크, 내 피드 버튼을 두어 쉽게 접근할 수 있도록 합니다. 회원 가입은 앱에 본격적으로 진입하기 전이고, 글 작성 화면은 사용자가 글을 작성하는 데에 집중해야 하므로 탭바를 모두 없앱니다.

❶ 공통 요소

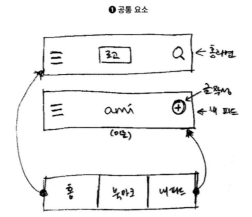

❷ 회원 가입

회원 가입은 사용자가 앱을 처음 방문했을 때 마주하게 되는 화면입니다. 따라서 앱에 대한 간략한 소개와 회원 가입을 유도하는 문구, 이미지를 함께 넣어 줄 겁니다. 화면 하나에 모든 것을 표현해 주기 어려우니 3컷의 슬라이드에 적절히 배치하고, 사용자가 가로로 스와이핑해 살펴볼 수 있도록 합니다. 그 밑에는 로그인 버튼들과 앱을 더 둘러보길 원하는 사용자들을 위해 '건너뛰기' 버튼도 제공해 줍니다.

❸ 홈

홈은 다른 사용자가 쓴 글을 둘러볼 수 있는 화면입니다. 글 리스트 하나에 대표 이미지, 제목, 2줄 정도의 본문 내용을 보여 주어 사용자가 원하는 글을 빠르게 찾을 수 있도록 합니다. 업로드된 날짜와 조회수 등 글의 부가적인 정보와 북마크 버튼도 제공합니다.

❹ 슬라이드 메뉴

슬라이드 메뉴는 내비게이션 바 왼쪽의 메뉴 버튼을 눌렀을 때, 보고 있던 화면을 덮으면서 나오는 화면입니다. 그렇기에 사용자가 답답함을 느끼지 않도록 메뉴 너비를 좁혀 기존 화면이 메뉴 너머로 살짝 보이도록 합니다. 슬라이드 메뉴의 상단에는 현재 로그인되어 있는 계정을 표시해 줍니다. 밑으로 글과 관련된 메뉴인 최신 본 글, 임시 저장한 글, 관심 주제 편집 등의 메뉴를 구성하고, 아래에는 설정과 관련된 메뉴인 내 계정, 환경설정, 고객 센터 메뉴를 두었습니다.

❺ 북마크

북마크 화면은 홈 화면과 구성이 비슷하기에 홈 화면의 레이아웃과 비슷하게 해 개발 공수를 줄일 겁니다. 불이 들어 와 있는 북마크 아이콘도 추가해 주고, 이 글을 언제 북마크했는지도 알려 주었습니다.

❻ 내 피드

내 피드는 내가 작성한 글들이 모아져 있는 화면입니다. 내 피드 화면 또한 글 리스트이기에 홈, 북마크 화면과 구성이 비슷하지만, 북마크 아이콘이 있던 자리에는 내 글을 수정할 수 있도록 '수정/삭제' 버튼을 넣어 주었습니다.

❼ 글 작성

마지막으로 글 작성 화면입니다. 글 리스트에 대표 이미지, 제목, 내용이 홈화면에 표시되므로 작성할 때에도 이 내용들을 입력해 줘야 합니다. 화면 상단에는 대표 이미지를 업로드할 수 있는 버튼을 놓고, 그 아래 '제목 입력'과 '본문 입력' 입력란을 두었습니다. 페이스북 공유하기 스위치 버튼도 제공해, ON 상태로 두면 글을 업로드 할 때 SNS에도 동시에 공유되도록 합니다.

❼-❶ 팝업

팝업은 글 작성 화면에서 내비게이션 바의 뒤로가기 버튼을 눌렀을 때 출력됩니다. 화면이 전환되기 전 한번 더 확인시켜 주기 때문에 사용자가 실수로 글을 날리는 일을 방지할 수 있습니다.

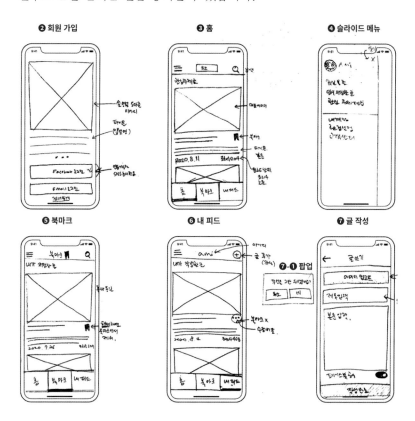

14.3 화면 와이어프레임 그리기

자, 이제 앞서 스케치한 것을 바탕으로 와이어프레임을 그려 보겠습니다. 와이어프레임은 작업하기 앞서 쓰일 요소들을 UI Kit로 미리 만들어 두는 게 좋습니다. 작업자가 여러 명이더라도 통일성 있는 작업을 할 수 있고, 요소들을 매번 그릴 필요가 없어지기 때문이죠. 요즘은 온라인에서도 완성도 있는 와이어프레임 키트를 무료로 얻을 수 있는데요. 그 키트를 이용해 와이어프레임을 구축해도 됩니다.

이번에는 [예제 파일 14장]의 UI Kit를 사용해 다른 사용자들의 글을 볼 수 있는 홈 화면과 글을 작성할 수 있는 글쓰기 화면을 와이어프레임으로 그려 보겠습니다.

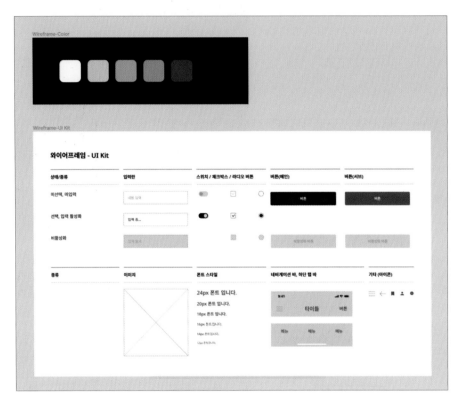

그림 14-5 와이어프레임 UI Kit

와이어프레임 UI Kit의 입력란과 버튼

와이어프레임 UI Kit의 입력란과 버튼들은 '미선택, 미입력', '선택, 입력 활성화', '비활성화' 상태로 구분되어 있습니다. 내용을 하나도 입력하지 않았거나 아무것도 선택하지 않은 상태라면 '미선택, 미입력'의 요소를 사용하고, 텍스트를 입력했거나 선택된 상태는 '선택, 입력 활성화' 요소를, 아무것도 입력하거나 선택하지 못하는 상황이라면 '비활성화'의 요소를 사용해 화면을 설계합니다.

홈 화면 와이어프레임

아이폰 11 pro 해상도에서 홈 화면을 작업하겠습니다.

1. 툴바에서 Frame을 선택한 뒤, 오른쪽 속성 패널에서 'iPhone 11 Pro/X'을 클릭합니다. 프레임명은 'Main'으로 해 주세요. 이제 주요 메뉴를 이동할 수 있게 해 주는 상단 내비게이션 바와 하단 탭바를 넣을 거예요. [예제 파일 14장 Wire-frame UI Kit]에서 'UI/NavigationBar'를 프레임의 상단에, 'UI/BottomBar'를 하단에 복사 후 붙여넣기 합니다.

2. 이제 하단 탭바의 메뉴명들을 홈 화면에 맞게 변경해 줄 건데요. 홈, 북마크, 내 피드는 이 앱에서 가장 중요한 메뉴들인 만큼 각 페이지로 쉽게 접근할 수 있도록 하단 탭바에 넣습니다. 각각의 텍스트를 탭바 이름에 맞게 수정해 주세요. 필요에 따라 메뉴 개수를 늘리거나 줄이면서 수정해 나가면 됩니다.

3. 작업 중인 화면이 '홈'이므로, 상단 내비게이션 바의 타이틀에는 서비스의 '로고'가 들어가야 합니다. '타이틀'을 '로고'로 수정해 주세요. 와이어프레임은 뼈대만 간단히 보여 주는 게 목적이므로 이미지나 아이콘은 넣지 않는 게 좋습니다. 그래야 작업 속도를 올려 더 중요한 것에 집중할 수 있기 때문이죠. 우측 버튼은 사용자가 언제든지 글을 업로드할 수 있도록 '업로드'로 변경해 주세요.

4. 홈 화면을 구성할 차례입니다. 홈 화면 안에 보이는 글들은 내 관심 주제를 기반해 보이므로 UI Kit에서 '20px 폰트입니다' 텍스트를 가져와 '관심 주제 글'로 변경합니다. 상단 내비게이션과의 간격은 20px, 왼쪽 여백은 24px로 해 주세요. 이제부터 여백은 언급하지 않습니다. 와이어프레임 작업은 구성요소의 배치와 정보 노출의 우선순위를 고민하는 게 목적이므로, 디자인에는 덜 신경 써도 괜찮습니다. 따라서 실제 와이어프레임 작업처럼 여백과 정렬 등은 눈대중으로 배치하도록 합니다.

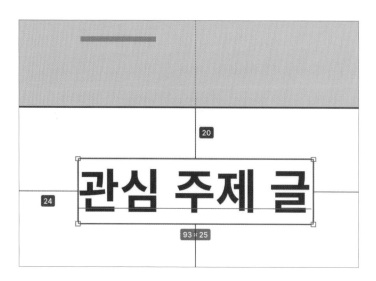

5. 이제는 하단에 글 콘텐츠를 만들겠습니다. 콘텐츠에는 대표 이미지를 글 제목, 본문 내용과 함께 넣어 사용자가 한눈에 글의 주제를 파악하도록 하겠습니다. 이미지는 UI Kit에서 'UI/Image'를 글의 주제를 파악할 수 있도록 복사해 넣어 줍니다. 그 아래에는 글의 제목과 내용을 입력해 줄 건데요. 아까 쓴 '관심 주제 글' 타이틀보다는 하위 요소이므로 제목에는 18px, 내용은 14px 텍스트를 사용합니다. 제목 옆에는 이 글을 북마크 할 수 있도록 'UI/Icon/Bookmark'를 추가해 주세요.

6. 내용 아래에는 작성 날짜와 조회수를 기입해, 사용자에게 이 글이 언제 작성되었고 얼마큼 인기가 있었는지 알려 주겠습니다. 콘텐츠의 하단 왼쪽에 12px로 작성 날짜인 '2020.08.12'를 넣어 주고, 오른쪽에는 '조회수 201'을 입력합니다. 콘텐츠의 내용보다는 우선순위가 낮은 정보이므로 더 작은 폰트를 사용했습니다. 이 콘텐츠는 앞으로도 여러 군데 쓰일 예정이니 프레임으로 감싸줍니다. 프레임명은 'Content'로 합니다.

콘텐츠 타이틀이 들어갑니다.

콘텐츠를 설명하는 문구가 들어갑니다. 여기서는 두 줄 정
도만 보여주는 게 좋을 것 같습니다. 길어지면 말줄임표...

2020.08.12   조회수 201

7. 홈 화면에는 콘텐츠가 여러 개 있으니 Content 레이어를 아래에 더 복
제해 주세요. 그럼 첫 번째 홈 화면 와이어프레임은 완성됩니다.

글쓰기 화면 와이어 프레임

다음으로 상단 '업로드' 버튼을 누르면 나오는 글쓰기 화면을 만들어 보겠습니다.

1. 아이폰 11 pro의 화면 크기로 프레임을 하나 더 생성하고 프레임명은 'Upload'로 해 주세요. 글쓰기 화면은 '홈' 화면에서 한 단계 더 들어온 화면이므로 하단 탭바 없이 상단 내비게이션 바만 넣습니다. '타이틀' 텍스트는 '글쓰기'로 변경해 주세요.

2. 글쓰기 화면은 '이전 화면'으로 돌아갈 수 있도록 뒤로가기 버튼이 필요합니다. 타이틀 왼쪽에 있는 'UI/Icon/Menu'를 선택한 뒤, 오른쪽 인스턴스 속성 패널에서 'Menu'를 'Back'으로 변경해 뒤로가기 버튼을 만들어 주세요.

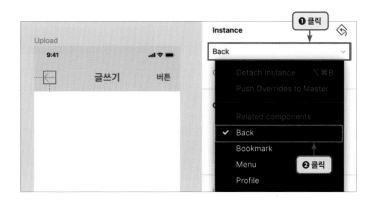

3. 오른쪽 버튼에는 글쓰기를 마친 뒤 업로드할 수 있도록 '완료' 버튼을 만들어 줍니다. 현재 화면에서는 아무 내용도 적지 않았으므로, 완료 버튼이 비활성화되어야 합니다. 비활성화 상태를 표시하기 위해 투명도를 40%로 낮춰 주세요.

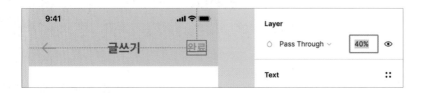

4. 홈 화면에는 글에 대표 이미지, 제목, 내용이 들어 있었습니다. 먼저 이미지를 추가할 수 있도록 버튼을 넣어 주겠습니다. UI Kit에서 '버튼(서브)'의 UI/Button/Sub/Enabled를 복사해 옵니다. '대표 이미지 업로드'로 텍스트를 변경해 주세요.

5. 글의 제목을 넣을 입력란을 위해 UI/Input/Enabled을 가져옵니다. 텍스트는 '제목 입력'으로 바꿔 주세요. 그 아래에는 내용을 입력할 수 있게 입력란을 하나 더 만들어 줍니다.

6. 글을 올리면서 페이스북에도 같이 게시될 수 있도록 편의 기능을 제공해 주겠습니다. 내용 입력란 아래 14px로 '페이스북에 게시글 공유하기' 텍스트를 넣고, 오른쪽에는 스위치 버튼인 UI/Button/Switch/On를 추가합니다. 이제 스위치의 상태가 On일 경우, 글을 업로드하면 페이스북에도 함께 공유될 거예요. SNS에 글이 활발히 공유될 경우 플랫폼도 함께 홍보되기 때문에, 마케팅 장치들은 화면 곳곳에 잘 마련해 주는 게 좋습니다.

7. 대표 이미지 추가와 내용 입력이 모두 끝났을 때의 화면도 만들어 보겠습니다. Upload 프레임을 오른쪽에 하나 더 복제한 다음, 프레임명을 'Upload - filled'로 변경합니다. '대표 이미지 업로드' 버튼 위에 UI/Image를 넣어, 어떤 이미지를 추가했는지 한 번 더 확인할 수 있도록 합니다.

8. 이미지를 추가했다면 수정할 수도, 삭제할 수도 있어야 겠죠? 이미지의 우측 상단에 UI/Icon/Cancel을 이용해 삭제 버튼을 추가하고, 아래 '대표 이미지 업로드' 버튼을 '대표 이미지 수정'으로 변경해 다른 이미지로 수정할 수 있도록 합니다.

9. 다음 내용도 모두 채워보세요. 글이 입력되었으므로, 입력란은 Active 상태로 바뀌어야 합니다. 따라서 'UI/Input/Enabled' 입력란을 선택한 뒤, 오른쪽 인스턴스 속성 패널에서 'Enabled'를 'Active'로 변경합니다. 글이 모두 작성되었으니 오른쪽 상단 '완료' 버튼도 투명도를 100%로 수정해 Active 상태임을 표현해 주세요.

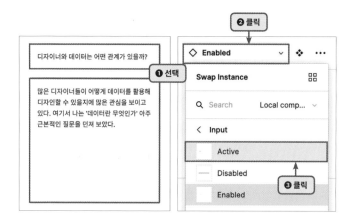

10. 이번에는 글쓰기 화면에서 왼쪽 상단 뒤로가기 버튼을 눌렀을 때, 정말 돌아갈 것인지 한 번 더 확인을 요청하는 팝업을 만들어 보겠습니다. 사용자가 답답해하지 않도록 화면 크기보다 작은 315px × 200px의 프레임을 만들어 주세요. 프레임명은 'Popup'으로 합니다. 타이틀은 24px 폰트를 사용해 '작성을 그만두시겠어요?'로 작성해 주세요. 타이틀 아래에는 '네, 그만둘래요' 버튼과 '취소' 버튼을 각각 'UI/Button/Main/Enabled', 'UI/Button/Sub/Enabled'를 사용해 만들어 주세요. 이미 팝업이 뜨면서 사용자를 한 번 붙잡았기 때문에, 여기서는 정말 작성을 그만두고자 하는 사용자들을 위해 선택이 쉽도록 '네, 그만둘래요' 버튼을 오른쪽에 두고, '취소' 버튼은 왼쪽에 둡니다.

11. 이렇게 와이어프레임을 그려 봤습니다. 다음에는 이 화면들을 프로토
    타이핑해 현재까지의 화면 흐름이 매끄러운지 확인해 보겠습니다.

14.4 프로토타입으로 동적인 화면 만들기

피그마에서는 클릭 몇 번으로 실제 개발한 것처럼 화면을 동작시켜볼 수
있고, 이 프로토타이핑을 다른 팀원들에게 공유해 피드백을 얻을 수도 있
습니다. 앞서 작업한 와이어프레임을 가지고 프로토타이핑해 보면서 필
요한 기능들을 익혀보겠습니다.

TIP
    프로토타입 탭의 메뉴와 프레젠테이션 뷰는 [4장 에디터 살펴보기]에서 설명했습니다.

공통 요소에 인터랙션 추가하기

하단 탭바와 상단 내비게이션 바에 인터랙션을 추가해 보겠습니다. 여러분이 만든 화면은 UI Kit의 마스터 컴포넌트를 복제한 인스턴스입니다. 따라서 모든 내비게이션 바에 인터랙션이 적용되도록 하려면 UI Kit에 있는 마스터 컴포넌트를 수정해야 합니다.

1. 먼저 하단 탭바입니다. [예제 파일 14장] UI Kit에서 UI/BottomBar 마스터 컴포넌트의 메뉴명을 '홈', '북마크', '내 피드'로 변경합니다.

2. 이제 메뉴를 탭하면 화면이 이동하도록 설정하겠습니다. '홈'을 선택하고 Prototype 탭에 있는 Interactions 패널의 ➕를 클릭합니다. 인터랙션이 추가되면 'Tap→Main' 영역을 클릭해 어떤 인터랙션을 추가할 것인지 선택해야 합니다. 상단 트리거는 'On Tap'으로 설정해 화면을 탭했을 때 반응이 일어나도록 설정하고, 액션은 'Navigate To'로 선택해 화면 이동 액션을 추가합니다. 도착지(데스티네이션)는 'Main'으로 설정해 주세요.

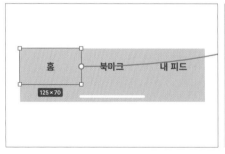

3. 같은 과정을 거쳐 북마크는 도착지를 'Bookmark'로, 내 피드는 'My Feed'로 설정합니다. Bookmark, My Feed 화면은 [예제 파일 15장]에 있습니다.

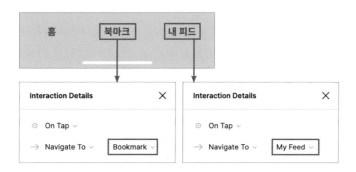

4. 이제 상단 내비게이션 바에도 인터랙션을 추가해 볼 차례인데요. 왼쪽 햄버거 메뉴를 누르면 슬라이드 메뉴가 나오도록 하겠습니다. UI Kit 의 기타(아이콘) 영역에 있는 UI/Icon/Menu를 선택한 후, Interactions 를 추가해 Interaction Details 팝업에서 트리거를 'On Tap'으로 설정합니다. 슬라이드 메뉴는 기존 화면을 덮은 채 뜨니 액션은 'Open Overlay'를 선택합니다. 도착지는 'Slide Menu'입니다. (Slide Menu는 [예제 파일 14장]에 있습니다.) 그러면 Overlay와 Animation 옵션 패널이 생깁니다.

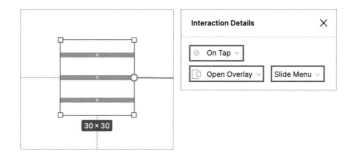

5. 이제 이 Overlay 패널에서 슬라이드 메뉴가 어떻게 화면에 나타날지 좀 더 상세하게 설정해 볼 건데요. 슬라이드 메뉴는 화면보다 너비가 작습니다. 따라서 화면에 나타났을 때 화면 기준으로 왼쪽에 있도록 'Top Left'를 설정합니다. 아래 'Close when clicking outside'를 체크해 슬라이드 메뉴 외 부분을 탭했을 때 슬라이드가 닫히게끔 설정해 주세요. 또한 슬라이드 메뉴 너머로 보이는 홈 화면은 비활성화 상태임을 나타내기 위해 어두운 배경이 생기도록 'Add background behind overlay'을 체크합니다.

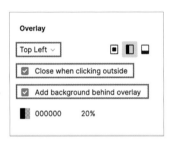

6. 슬라이드 메뉴는 왼쪽에 있는 햄버거 버튼을 탭했을 때 나타나는 것에 맞춰, 왼쪽에서 오른쪽으로 나오는 게 자연스럽습니다. 따라서 Animation 패널에서 'Move In'으로 설정해 주고, 방향은 오른쪽 화살표 '→'로 선택합니다.

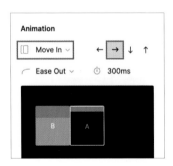

7. 그럼 이제 햄버거 메뉴를 눌렀을 때 슬라이드 메뉴가 왼쪽에서 나올 거예요. 오른쪽 상단 프레젠테이션 뷰를 클릭해 햄버거 메뉴를 눌러 확인해 보세요. 프로토타입의 첫 화면은 Prototype 탭에서 아무것도 선택하지 않은 상태로 Starting Frame에서 설정해 줍니다.

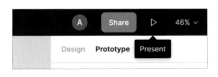

8. 마지막으로 햄버거 메뉴 옆 UI/Icon/Back 아이콘에는 '뒤로 가기'할 수 있는 인터랙션을 추가하겠습니다. 트리거는 'On Tap'으로, 액션은 'Back'으로 설정하면 됩니다. 그 후 이 버튼을 누르면 지금 화면에 진입하기 바로 전 화면으로 돌아갑니다. 공통 요소에 인터랙션 추가는 끝났습니다! 이제 모든 화면에서 똑같이 작동할 거예요.

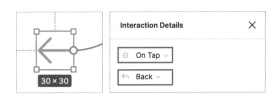

트리거와 액션 옵션 살펴보기

인터랙션을 추가하기 위해선 어떤 행위로 인터랙션을 시작할 것인지 트리거(Trigger)와 어떤 반응을 일으킬 것인지 액션(Action)을 설정해야 합니다. 트리거에는 여러 옵션이 있는데요. 메뉴명이 비슷해 헷갈릴 수 있습니다. 따라서 각 옵션을 하나씩 살펴보며 언제 어떻게 사용하는지 알아보겠습니다.

❶ 트리거(Trigger)

Ⓐ On Tap : 데스크톱에서 클릭하거나 모바일에서 탭할 때 액션이 시작됩니다.

Ⓑ On Drag : 화면에서 요소를 드래그할 때 액션이 시작됩니다.

Ⓒ While Hovering : 마우스를 올렸을 때 액션이 시작됩니다. 마우스를 떼면 원래의 모습으로 돌아갑니다.

Ⓓ While Pressing : 누르고 있는 동안 액션이 실행됩니다.

Ⓔ Key/Gamepad : 키보드 단축키나 Xbox One, PS4 및 Nintendo Switch Pro 의 컨트롤러 입력에 따라 액션이 실행됩니다.

Ⓕ Mouse Enter : 마우스를 올렸을 때 액션이 시작됩니다. While Hovering과 다른 것은 인터랙션을 추가한 영역을 벗어나도 액션은 유지된다는 점인데요. 드롭다운 메뉴에서 옵션을 고를 때를 생각하면 이해가 될 거예요.

Ⓖ Mouse Leave : Mouse Enter와 반대로 마우스를 뗐을 때 액션이 시작됩니다. 드롭다운 메뉴에서 옵션을 고르다 마우스를 바깥으로 이동할 경우 드롭다운이 닫히도록 만들 수 있습니다.

Ⓗ Touch Down : 마우스가 아닌 모바일에서 손가락으로 탭했을 때 액션이 시작됩니다. Mouse Enter와 작동 방식이 같습니다.

Ⓘ Touch Up : 손가락이 영역에서 벗어났을 경우 액션이 시작됩니다. Mouse Leave와 작동 방식이 같습니다.

Ⓙ After Delay : 일정 시간이 지난 뒤 액션이 시작됩니다. 이 옵션은 최상위 프레임에만 적용할 수 있습니다.

❷ 액션(Action)

Ⓚ Navigate To : 다른 프레임으로 이동합니다.

Ⓛ Open Overlay : 현재 프레임 위에 다른 프레임을 엽니다. 팝업과 같이 기존
화면 위에 새로운 창을 띄울 때 많이 사용합니다.

Ⓜ Swap With : 다른 프레임과 교체합니다. 오버레이로 열린 프레임을 다른 프
레임으로 교체할 때 주로 씁니다.

Ⓝ Back : 이전의 화면으로 돌아갑니다.

Ⓞ Close Overlay : 오버레이로 열린 화면을 닫습니다. 주로 오버레이의 닫기 버
튼에 쓰입니다.

Ⓟ Open Link : 외부 URL을 연결합니다.

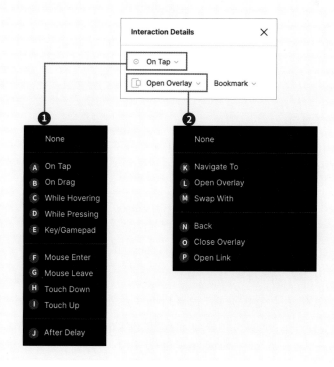

나머지 화면들 인터랙션 추가하기

공통 요소 외의 화면들에도 인터랙션을 추가해 줄 차례입니다. 앞서 했던 것처럼 트리거, 액션, 도착지를 먼저 설정하고 화면이 어떤 움직임으로 나타날지를 애니메이션으로 설정해 주면 됩니다.

1. 먼저 업로드 화면을 연결해 주겠습니다. '업로드' 버튼을 선택한 뒤, Interaction Details 패널에서 트리거는 'On Tap', 액션은 'Navigate To' 도착지는 'Upload'로 설정해 주세요. Animation 패널에서 'Move In'과 '←'을 선택해 업로드 화면이 오른쪽에서 왼쪽으로 홈 화면을 덮으면서 등장하게끔 설정합니다. 화면이 이렇게 나오면 다른 단계의 화면이라는 걸 알려 줄 수 있고, 하단 탭바를 없앤 위화감도 줄일 수 있습니다.

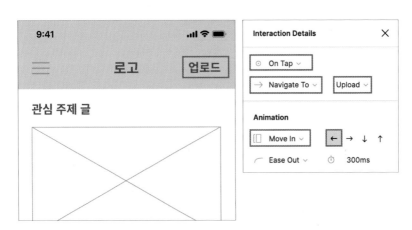

2. 업로드 화면에서는 이미지를 업로드할 경우 상단에 미리보기를 보여 줄 겁니다. 여기서는 실제 이미지를 업로드하는 과정은 생략하고, '제목 입력' 란을 탭했을 때 Upload-Filled 프레임으로 바로 이어지도록 하겠습니다. Interaction Details 패널에서 'On Tap', 'Navigate To', 'Upload - filled'로 인터랙션을 추가하고, Animation 패널에서 'Instant'로 설정해 화면 전환이 빠르게 되도록 합니다.

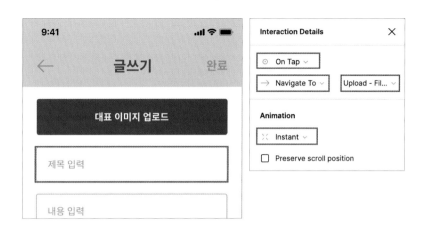

3. Upload - Filled 프레임은 글 작성이 끝난 상태로, 내비게이션 바의 '완료'를 눌러 내 피드 화면으로 돌아가야 합니다. '완료'를 선택해, Interaction Details 패널에서 'On Tap', 'Navigate To', 'My Feed - New' 인터랙션을 추가하고, Animation 패널에서 'Dissolve'로 선택해 화면 전환을 부드럽게 만들어 줍니다.(My Feed - New는 [예제 파일 14장]에 있습니다.) Dissolve되는 가속도는 갈수록 빨라지는 'Ease Out'으로 설정해 주세요. 화면은 전환은 부드럽지만 가속도가 붙어 지루한 느낌을 덜어 줄 거예요. 속도는 살짝 빠른 감을 주기 위해 100ms로 합니다.

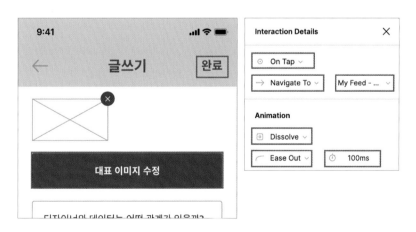

선으로 연결하기

인터랙션은 선으로 간단히 연결해 추가할 수도 있습니다. 특정 요소를 선택했을 때 옆에 생기는 파란색 점인 핫스팟(Hotspot)을 클릭한 뒤, 도착지 프레임에다가 드래그 앤 드롭하면 됩니다. 그럼 기본적으로 트리거는 'On Tap'으로, 액션은 'Navigate To'로 설정됩니다. 버튼을 눌렀을 때 단순히 화면만 바뀌는 작업을 하고 있다면 핫스팟으로 빠르게 구현해 보세요.

화면 스크롤 설정하기

글이 많아지면 콘텐츠가 세로로 쌓입니다. 이처럼 요소들이 화면을 넘치는 경우, 화면이 스크롤되게 설정할 수 있습니다.

1. 홈 화면에 간단하게 적용해 보겠습니다. Main 프레임을 클릭한 뒤 Overflow Behavior 패널에서 'Vertical Scrolling'을 선택합니다.

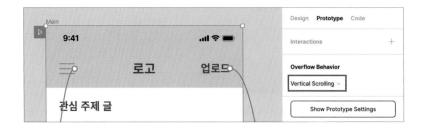

2. 그럼 상단 내비게이션 바와 하단 탭바도 같이 스크롤됩니다. 내비게이션 바와 탭바는 화면에 고정시켜 다른 메뉴로의 접근은 용이하도록 만들어 주겠습니다. 내비게이션 바와 탭바를 선택한 뒤, Constraints 패널의 'Fix position when scrolling'을 체크해 주세요.

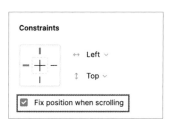

3. 프레젠테이션 뷰에서 확인해 보면, 스크롤했을 때 마지막 콘텐츠의 끝부분이 하단 탭바에 가려집니다. 이때 가장 마지막 콘텐츠 하단에 탭바 높이 이상의 여백을 추가해 주면, 탭바 위로 콘텐츠가 잘 보일 겁니다. 아래 있는 Content 프레임을 [cmd][ctrl] 누른 상태에서 세로 높이를 '400px'까지 늘려 주세요. 그럼 하단 탭바 정도만큼 콘텐츠 하단에 여백이 생깁니다.

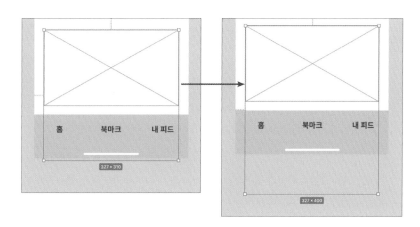

4. 이제 스크롤을 모두 내려도 콘텐츠가 잘 보일 겁니다.

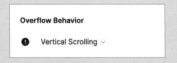

스마트 애니메이트 사용하기

프로토타이핑은 프로젝트의 성격에 따라 가볍게 화면의 흐름 정도만 확인하는 로파이(Lo-fi, Low-fidelity) 작업과 인터랙션과 반응을 더 정밀하게 구현하는 하이파이(Hi-fi, High-fidelity) 작업으로 나뉩니다.

피그마는 로파이 툴에 가깝지만 스마트 애니메이트(Smart Animate) 기능을 통해 하이파이 작업도 가능합니다. 스마트 애니메이트를 이용하면 시차(Parallax) 스크롤, 슬라이더, 스위치, 콘텐츠의 확장 등 다양한 고급 애니메이션을 구현할 수 있습니다. 서로 다른 화면을 비교해 레이어명이 일치하는 요소 사이에 차이가 있을 경우, 그 차이에 자동으로 애니메이션이 적용됩니다.

이번에는 홈 화면에서 콘텐츠를 누르면 대표 이미지가 자연스럽게 커지면서 콘텐츠의 본문 전체가 보이도록 구현해 보겠습니다. [예제 파일 14장]의 Full Content 프레임에서 스마트 애니메이트를 적용합니다.

1. 스마트 애니메이트를 적용하려면 애니메이션이 적용될 요소끼리 이름이 같아야 합니다. 따라서 Content 프레임은 'Content-1'로, 글 제목은 'Title', 내용은 'Bodycopy', 작성 날짜는 'Date', 조회수는 'Views'로 레이어명을 수정해 주세요. 이렇게 수정하면 Full Content의 요소들과 레이어명이 일치해집니다.

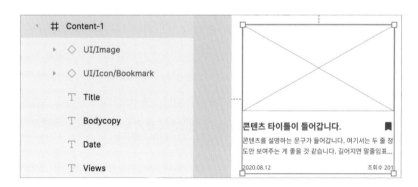

2. 이제 작성한 글을 탭해서 Full Content 화면으로 이동하게 만들어 보겠습니다. Content-1 프레임을 선택한 뒤, Interaction Details에서 'On Tap', 'Navigate To', 'Full Content'으로 설정하고, Animation 패널에서 'Smart Animate'을 선택해 주세요. 이제 프레젠테이션 뷰에서 확인해 보세요. 몇 번의 클릭으로 화면이 전환될 때 이미지 크기와 제목, 내용의 위치에 자연스럽게 애니메이션 효과를 주었습니다. 간단하죠?

 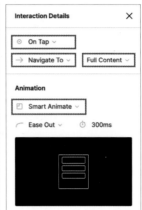

프로토타입으로 사용자 테스트하기

작업한 프로토타이핑을 가지고 실제 사용성 테스트를 진행해 볼 수 있습니다. 피그마에서는 Maze(*https://maze.design/*)라는 서비스 연동을 공식적으로 지원합니다. Maze는 사용자 테스팅 플랫폼으로, 여러분이 만든 와이어프레임이나 디자인을 업로드해 실제 사용자에게서 피드백을 얻을 수 있습니다. 테스터들에게 미션을 부여할 수도 있고, 그 과정에서 새로운 아이디어를 얻거나 문제를 발견할 수도 있습니다. 현재 Maze는 무료 플랜부터 기업 플랜까지 다양하게 제공되고 있습니다. 진행 중인 작업이 다른 사용자들이 사용하기에도 괜찮은지 알고 싶다면 Maze를 이용해 보세요.

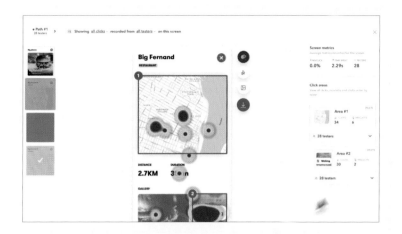

14.5 프레젠테이션 뷰 활용하기

프로토타이핑할 때 프레젠테이션 뷰를 통해 인터랙션을 확인해 봤는데요. 여기서는 프레젠테이션 뷰에서 제공되는 기능들을 가볍게 알아보겠습니다.

❶ 코멘트 작성: 프로토타이핑을 작동하다 새로운 의견 혹은 아직 해결되지 않은 사항이 발견된다면 코멘트를 남겨 보세요. 말풍선 아이콘을 눌러 작성할 수 있습니다. 코멘트는 프레젠테이션 뷰에서 벗어나 캔버스에서도 확인할 수 있습니다.

❷ 프로토타이핑 공유: 프로토타입을 다른 이해 관계자들에게 공유하거나 모바일 디바이스에서 확인하고 싶을 때는 'Share Prototype'을 클릭해 프로토타이핑 링크를 전달하면 됩니다.

15장

팀 라이브러리로 디자인 리소스 관리하기

15.1 팀 라이브러리에 파일 퍼블리싱하기

팀 라이브러리는 디자인 시스템을 팀원들과도 공유할 수 있는 공간입니다. 이 팀 라이브러리에 디자인 시스템 파일을 퍼블리싱(업로드)하면, 컴포넌트와 스타일로 등록된 색상, 폰트, 효과, 레이아웃 그리드가 팀 라이브러리에 등록됩니다. 다른 팀원들은 이 공유된 컴포넌트와 스타일을 사용해 작업합니다.

디자인 시스템 파일을 팀 라이브러리에 어떻게 퍼블리싱하는지 알아보겠습니다. 팀 라이브러리에 전체 파일을 업로드하는 건 유료 계정에만 지원되는 기능이니 여기서는 스타일만 올려 보겠습니다. 스타일은 스타터 플랜 사용자도 업로드할 수 있습니다. 디자인 시스템 파일이 없으신 분들은 이때까지 진행해 온 [예제 파일]을 퍼블리싱해 보세요.

TIP
피그마의 스타일은 [11장 스타일 사용하기]에서 설명했습니다.

1. 왼쪽 레이어 패널에서 'Assets'을 클릭한 뒤, 📖를 한 번 더 클릭해 주세요. 라이브러리 목록이 뜨면 Current file에 있는 'Publish' 메뉴를 클릭해 현재의 디자인 시스템 파일을 퍼블리싱합니다.

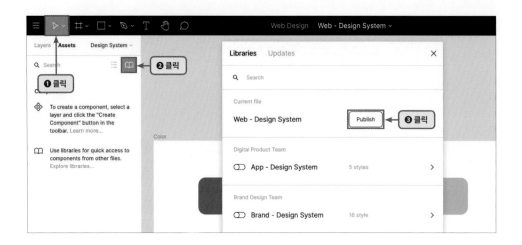

2. 팀 라이브러리는 프로페셔널 플랜 전용이라는 메시지가 뜹니다. 스타일은 팀 라이브러리에 퍼블리싱할 수 있으므로 'Publish styles only'를 클릭해 진행합니다.

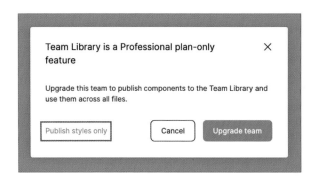

3. 다음으로 이번 퍼블리싱에 대한 설명을 입력할 수 있는 화면이 나올 거예요. '웹 메인 색상, 서브 색상, 폰트 스타일 업데이트(웹 디자인 버전 1.3)'처럼 어떤 사항을 업데이트했는지 구체적으로 기입해 주면 다른 팀원들도 그 내역을 확인할 수 있어 관리가 수월해집니다. 입력이 끝난 다음에는 'Publish Styles'를 클릭합니다. 이렇게 팀 라이브러리에 파일 퍼블리싱이 끝났습니다.

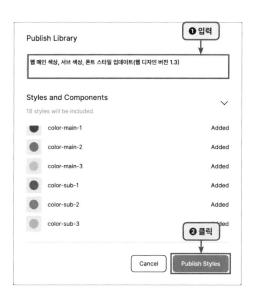

Q. 로컬 스타일과 팀 라이브러리의 차이는 뭔가요?

A. 로컬 스타일은 말 그대로 '현재 파일에 등록한 스타일'입니다. 이 스타일을 다른 팀원들도 사용할 수 있도록 팀 라이브러리에 업로드하면, '로컬 스타일'임과 동시에 '팀 라이브러리'에 등록된 스타일이 되는 것이죠. 로컬 스타일은 캔버스의 빈 공간을 클릭하면 오른쪽 속성 패널에서 확인할 수 있습니다.

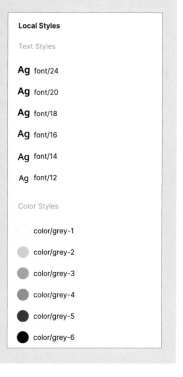

15.2 팀 라이브러리 파일 다루기

다른 팀원이 팀 라이브러리에 디자인 시스템 파일을 업데이트했다고 하면, 어떻게 그 스타일들을 사용할 수 있을까요? 작업 파일에서 팀 라이브러리의 파일을 불러와야 합니다. 방법은 간단합니다.

1. Assets에서 ⬚를 클릭한 후 Digital Product Team에서 디자인 시스템 파일인 'Web - Design System'의 스위치를 켜 해당 파일에 속한 스타일을 불러옵니다. 반대로 불러온 파일을 해제하고 싶을 땐 스위치를 끄면 됩니다.

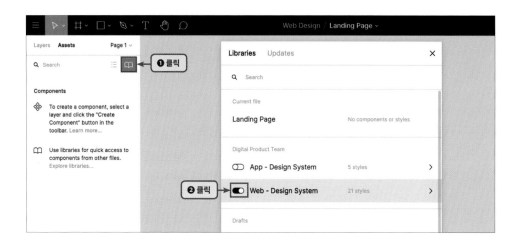

2. 팀 라이브러리에서 파일을 제대로 불러왔는지 확인해 보겠습니다. 도형이나 프레임을 그린 후 Fill 패널에서 ⠿를 클릭합니다. 그럼 방금 불러온 'Web - Design System' 스타일이 나타납니다. 이제 공통 스타일을 사용할 수 있게 되었습니다!

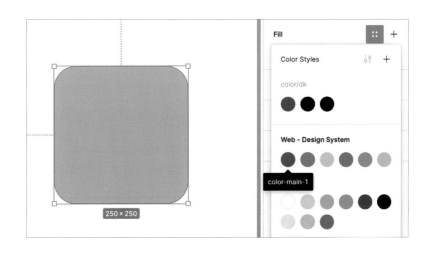

TIP
팀 라이브러리는 말 그대로 팀의 일원이어야 함께 사용할 수 있습니다. 그렇기에 공통의 스타일과 컴포넌트를 상대방에게 공유하려면, 먼저 상대방이 우리 팀에 초대되어 있어야 합니다.

팀 라이브러리 파일 수정하기

브랜딩이 리뉴얼되거나 프로젝트에 큰 수정 사항이 생기면, 디자인 시스템도 변경해야 합니다. 그럴 땐 파일을 수정하고 다시 퍼블리싱해야 합니다. 그럼 그 스타일을 사용하고 있는 다른 팀원들의 작업에도 자동으로 반영됩니다. 어떻게 팀 라이브러리 파일을 수정하고 다시 퍼블리싱하는지 알아보겠습니다.

1. 먼저 디자인 시스템에서 색상 스타일을 수정해 보겠습니다. 캔버스에서 빈 곳을 클릭하면 오른쪽 속성 패널에 스타일들이 나타날 겁니다. 여기서 'Color/Button/Solid/Sub'에 마우스를 올려 ∲을 클릭합니다.

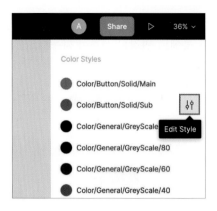

2. Properties 패널에서 색상을 클릭해, 색상 팔레트를 열고, 다른 색상으로 수정해 줍니다. 이미 퍼블리싱된 파일이기 때문에 이렇게 값을 수정하면 변경 사항을 다시 퍼블리싱할 것인지 묻는 팝업이 뜹니다. 여기서 'Publish...'를 클릭해 변경 사항을 신규로 퍼블리싱합니다.

3. 마지막으로 어떤 사항이 변경되었는지 입력한 뒤, 'Publish Styles'를 클릭합니다. 그럼 이제 다른 곳에도 변경된 색상이 자동으로 적용됩니다.

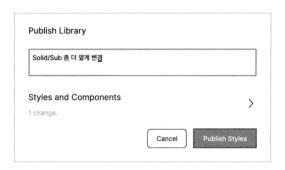

팀 라이브러리 파일 언퍼블리싱하기

퍼블리싱한 파일에 문제가 생겼다거나 디자인 시스템이 리뉴얼되었을 때는 기존에 퍼블리싱했던 파일을 반대로 '언퍼블리싱'해 공유를 취소할 수도 있습니다.

1. Assets에서 📖를 클릭해 언퍼블리싱할 파일인 'Web - Design System'을 선택합니다.

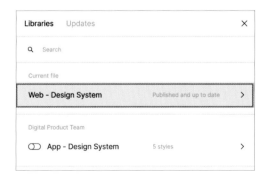

2. 하단에 'Unpublish' 버튼을 눌러 파일의 공유를 취소합니다.

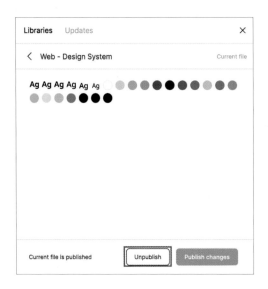

3. 정말로 언퍼블리싱할지 묻는 팝업창이 뜨면 'Remove file from library' 를 클릭합니다. 그럼 이제 파일은 팀 라이브러리에서 제외되고, 다른 파일들에서 사용하던 스타일은 모두 해제됩니다.

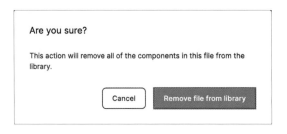

15.3 디자인 시스템과 아토믹 디자인

앞에서 팀 라이브러리를 통해 리소스를 공유하는 방법에 대해 알아보면서 디자인 시스템에 관해 살짝 언급했습니다. 프로덕트의 규모가 커지면 단순히 리소스를 공유하는 것을 넘어서 디자인 원칙, 레이아웃 패턴, 코드 시스템 등을 표준화해 체계적으로 정의해 놓아야 하는데, 이러한 역할을 하는 라이브러리가 바로 디자인 시스템(design system)입니다.

디자인 시스템을 구축하면 다음과 같은 여러 장점이 있습니다.

1. 이미 만들어진 리소스를 쉽게 꺼내어 쓰기에 작업 시간이 단축됩니다.
2. 작업자가 여러 명이어도 일관성 있는 디자인이 가능합니다.
3. 새로운 작업자는 서비스의 디자인 스타일에 금방 적응할 수 있습니다.
4. 아이콘, 폰트 스타일, UI 요소 등이 항상 최신 버전으로 유지되기 때문에 요소 간의 혼돈이 사라지고, 커뮤니케이션 기준이 생깁니다.

이러한 디자인 시스템을 팀원 모두가 제대로 활용하기 위해서는 관리 규칙이 필요하고, 서로 간 협조도 원활해야 합니다. 여기서는 개념만 간단히 알아 두겠습니다.

아토믹 디자인

디자인 시스템을 제작하는 데에는 여러 방법론이 있습니다. 그중에서도 아토믹 디자인이 유용합니다. 아토믹 디자인(Atomic Design)은 아주 작은 요소들이 모여 큰 조합을 구성하는 디자인 시스템 제작 방법론입니다. 작은 요소부터 관리하게 되면 그 요소들을 조합해 만들 수 있는 레이아웃의 가짓수가 많아지니, 규칙은 지키면서 변형도 자유로워집니다.

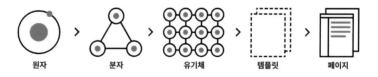

원자 > 분자 > 유기체 > 템플릿 > 페이지

그림 15-1 아토믹 디자인

재밌게도 아토믹 디자인은 화학의 개념을 차용해 원자, 분자, 유기체, 템플릿, 페이지 이렇게 총 다섯 단계로 나누어져 있습니다.

❶ 원자(atoms): 더 이상 분류할 수 없는 최소한의 요소(예. 검색 입력란, 버튼)

❷ 분자(molecules): 원자와 원자를 묶어 만든 UI 구성 요소(예. 검색창)

❹ 유기체(organisms): 분자에서 한 단계 위의 묶음 구성(예. 내비게이션 바)

❸ 템플릿(templates): 여러 유기체의 그룹. 와이어프레임의 완성본

❺ 페이지(pages): 실제 콘텐츠가 들어간 최종 완성본

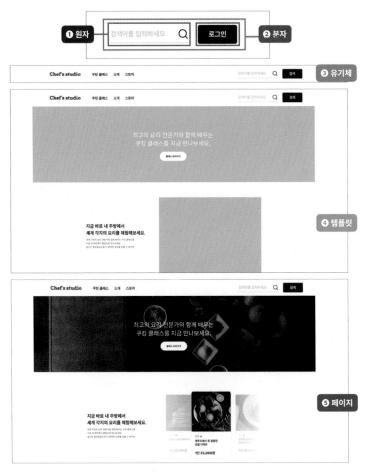

그림 15-2 아토믹 디자인의 다섯 단계

아토믹 디자인에서 특히 원자, 분자, 유기체의 개념을 응용해 디자인 시스템을 구축하면 유연하고 통일성 있는 디자인을 할 수 있고, 세밀하게 수정도 가능하기에 유지보수도 수월해집니다.

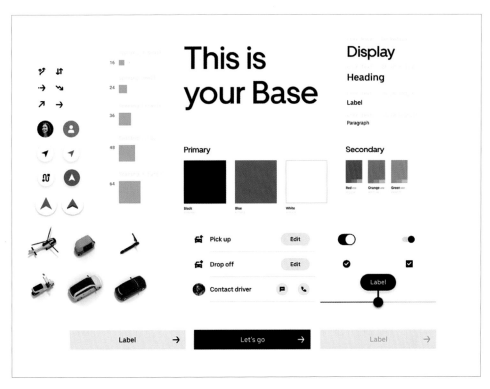

그림 15-3 우버(Uber)의 디자인 시스템

16장

실시간 협업하기

16.1 파일 공유로 실시간 협업 시작하기

피그마를 써야 하는 이유 중의 하나가 바로 이 실시간 협업입니다. 실시간 협업으로 팀원들이 동시에 작업 파일에 접속해 시안을 살펴보고, 코멘트를 남기거나 직접 편집할 수 있습니다. 실시간 협업을 사용하기 위해서는 우선 작업 파일을 팀원들에게 공유해야 합니다. 그 방법에는 팀원에게 초대 이메일을 보내는 방법과 파일의 링크를 복사해 전달하는 방법 두 가지가 있습니다. 모두 어떻게 진행하는지 살펴보겠습니다.

이메일 초대로 공유하기

파일에 초대할 팀원이 이미 피그마 팀 멤버라면 링크로만 전달해도 되지만, 그렇지 않으면 상대방에게 이메일을 보내 이 파일에 접속할 수 있는 권한을 부여해야 합니다. 어떻게 이메일 초대로 파일을 공유하는지 살펴보겠습니다.

1. 에디터의 오른쪽 상단에 있는 'Share'를 클릭해 주세요.

2. 그럼 Invite 팝업창이 뜹니다. 상대방의 이메일을 입력한 뒤 파일을 직접 수정할 수 있는 'can edit' 권한을 선택해 주세요. can view는 파일을 볼 수만 있습니다. 실시간 협업과 코멘트 작성까지는 가능합니다. 그 다음 'Send Invite'를 클릭하면 초대가 끝납니다. 그럼 상대방은 초

대 이메일을 받게 되고 수락하면 바로 이 파일에 접속할 수 있게 됩니다.

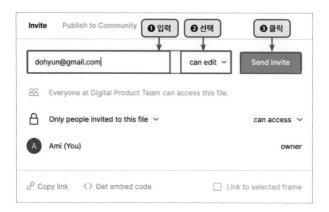

링크 전달로 공유하기

이번에는 좀 더 쉬운 방법으로 파일을 공유해 보겠습니다. 피그마의 장점인 파일의 '링크'를 복사해 상대방에게 전달하는 겁니다. 이 링크를 받은 상대방은 별도의 설치 없이 인터넷 브라우저로 바로 파일에 접속할 수 있습니다. 그러기 위해서는 먼저 이 파일이 '누구나 접속할 수 있는 파일'로 설정되어야 합니다. 기본적으로는 초대받은 사람만 파일을 열람할 수 있으니 설정을 바꿔 주겠습니다.

1. Invite 팝업창에서 자물쇠 아이콘의 드롭다운 메뉴에서 'Anyone with the link'를 선택해 링크를 받는 누구나 파일에 접속할 수 있도록 설정합니다. 그 다음 'Copy link'를 클릭해 파일의 링크를 복사해 주세요. 이제 상대방에게 링크를 전달하면 됩니다. 파일을 누구나 쉽게 열 수 있으면 보안에 취약해지니 권한 부여에는 각별히 신경 써야 합니다.

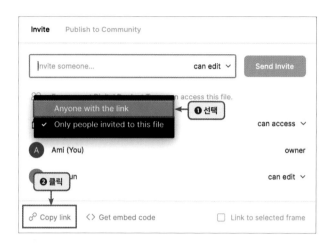

링크 오픈 시 특정 프레임 바로 보이게 하기

다른 팀원에게 피드백을 얻기 위해 파일 링크를 전달하면 주로 '어떤 화면 봐야 하
죠?'라는 반응이 돌아옵니다. 이때 보여 주고자 하는 프레임을 선택한 뒤, Invite 팝
업창에서 오른쪽 하단의 'Link to selected frame'을 체크하고 링크를 전달하면,
보여 주고자 했던 화면이 가장 먼저 보이게 됩니다.

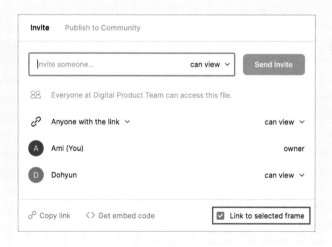

16.2 코멘트 남기기

상대방이 여러분을 작업 파일에 초대했다면 대개 피드백을 얻고자 할 겁니다. 피그마에서는 코멘트 기능으로 팀원들이 주고받은 의견들의 히스토리도 확인할 수 있고, 해결된 것과 그렇지 않은 것을 구분하는 등 효율적으로 피드백을 관리할 수 있습니다.

코멘트 작성하기

코멘드는 계정의 권한이 뷰어든, 에디터이든 상관없이 파일에 들어온 사람이라면 누구든지 작성할 수 있습니다.

1. 툴바에서 말풍선 모양 메뉴를 클릭합니다. 코멘트를 남기고 싶은 곳을 지정하면 코멘트 입력 팝업이 뜰겁니다. 거기서 남기고 싶은 의견을 입력하고, 'Post'를 클릭하면 코멘트 작성이 완료됩니다.

2. 코멘트는 오른쪽 속성 패널에서도 확인할 수 있습니다.

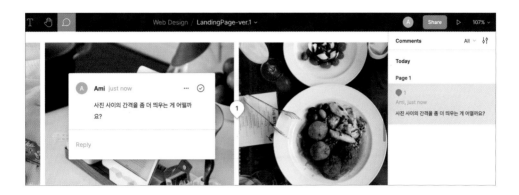

코멘트 수정·삭제하기

코멘트의 수정, 삭제, URL 복사 방법을 알아보겠습니다. 작성한 코멘트의
창에서 우측에 있는 ⋯를 클릭합니다.

❶ Copy Link: 코멘트 링크를 복사해 상대방에게 전달할 수 있습니다. 링
크를 클릭하면 코멘트의 위치로 바로 이동합니다.

❷ Edit: 작성한 코멘트를 수정합니다.

❸ Delete Comment: 작성한 코멘트를 삭제합니다.

코멘트 알림 설정하기

코멘트에 변경 사항이 생기면 코멘트 아이콘에 빨간색 점이 생깁니다. 그와 동시에 이메일로도 알림을 받게 됩니다.

하지만 너무 많은 이메일을 받다 보면 정작 중요한 사항은 놓칠 수도 있습니다. 이 때 Notifications을 설정하면 필요한 사항만 알림을 받아볼 수 있습니다.

❶ All comments: 전체 코멘트에 대한 알림을 받습니다.

❷ Only yours: 여러분이 최초로 작성한 혹은 여러분이 댓글 단 코멘트에 관해서만 알림을 받습니다.

❸ None: 아무 알림도 받지 않습니다.

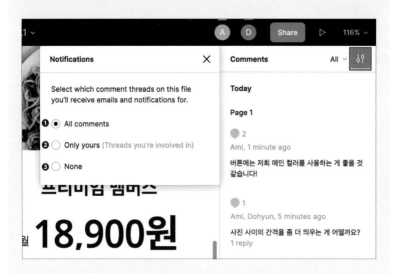

16.3 옵저베이션 모드

파일에 접속 중인 모든 사람은 툴 바의 오른쪽에 작은 아바타로 표시됩니다. 여기서 관찰하고 싶은 아바타를 클릭하면 옵저베이션 모드(Observation Mode)로 전환되어 상대방이 현재 보고 있는 것, 작업 중인 것을 상대방의 시선에 따라 볼 수 있게 됩니다.

이 옵저베이션 모드는 와이어프레임, 디자인, 프로토타이핑 등의 작업을 클라이언트나 다른 팀들에게 공유할 때 특히 유용합니다. 작업자의 화면을 공유하며 의견을 주고 받을 수 있기 때문에 일반적인 화상 회의 툴을 쓰는 것보다 피드백을 주고받기가 훨씬 더 용이합니다.

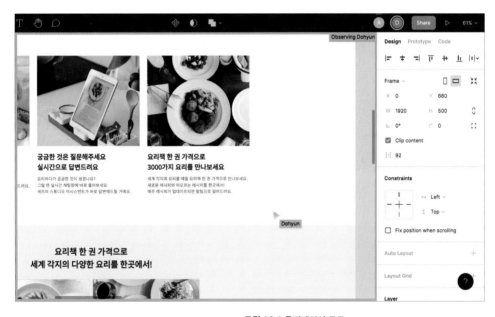

그림 16-1 옵저베이션 모드

프레젠테이션 뷰에서도 아바타를 클릭해 옵저베이션 모드로 전환할 수 있습니다. 흥미로운 건 옵저베이션 모드를 통해 상대방이 프로토타이핑을 동작시키는 것을 보며 사용성 테스트를 해 볼 수 있다는 겁니다.

한 가지 상황을 가정해 보겠습니다. UX 디자인팀은 쿠킹 클래스의 사용자 리뷰 작성률을 높이기 위해 사용성 테스트를 진행하려 합니다. 피실

험자에게는 이미 물건을 구매한 상태임을 가정하고, 모바일 디바이스에서 프로토타입 URL을 열어 실행합니다. 피실험자는 구매 후 화면에서 리뷰를 남기거나 남기지 않거나 할 텐데요. 어떤 과정을 거쳐 리뷰를 남기거나 남기지 않는지 과정을 관찰할 수 있습니다. 그 과정을 살피다 보면 리뷰 작성률을 높이기 위한 아이디어도 얻을 수 있겠죠?

그림 16-2 프로토타입의 옵저베이션 모드

17장

개발자가 피그마 활용하기

17.1 피그마 한곳에서 해결하기

불과 몇 년 전만 해도 디자이너와 개발자 사이에는 가이드라인 문서가 존재했습니다. 가이드라인은 제작 중인 앱이 디자인 의도대로 개발되도록 요소들의 크기, 여백, 스타일 등 개발에 필요한 정보들을 기입해 둔 문서입니다. 디자인한 영역이 가변인지 고정인지와 버튼의 기본 상태, 눌러진 상태, 비활성화된 상태 등 화면 안에 보이지 않는 정보들도 문서에 담아야 합니다. 게다가 쓰인 이미지 에셋들까지 추출해 개발팀에 전달해야 했기에, 가이드라인은 공수가 상당히 많이 드는 작업이었습니다.

피그마에서는 요소의 여백과 크기, 스타일을 체크하거나 이미지를 파일로 추출하는 등의 작업을 바로 처리할 수 있습니다. 가이드라인 문서를 만드는 시간과 노력, 그 문서를 보고 커뮤니케이션해야 하는 수고를 줄이고 각자의 업무에 좀 더 집중할 수 있게 된 것입니다. 자, 그럼 이번에는 어떤 기능들을 활용해 디자이너와 개발자가 서로 협업할 수 있을지 알아보겠습니다.

뷰어 계정 활용하기

디자인을 수정하지 못하게 하되, 피드백은 얻고 싶다면 뷰어 권한을 부여하면 됩니다. 예를 들어 다른 팀이나 스터디 멤버, 디자인에 참여하지 않는 개발자가 뷰어 계정으로 파일에 접근하면, 디자인을 실수로 변경할 염려 없이 의견을 주고 받을 수 있습니다.

17.2 디자인 에셋 추출하기

개발에 들어가기 위해서는 디자인 시안에 쓰인 이미지들이 모두 파일로 추출되어야 합니다. 이런 에셋 추출은 각 팀의 협업 방식에 따라 디자이너가 하는 경우도 있고, 개발자가 직접 하는 경우도 있습니다. 이번에는 아이콘 하나를 PNG 파일로 추출해 보면서 피그마에서 에셋을 추출하는 과정을 살펴보겠습니다.

1. [예제 파일 17장 17-1]의 Icon/Pentool 프레임을 선택한 후, Export 패널의 ➕를 클릭합니다. 그림 아래에 1배(원 사이즈) PNG로 추출할 수 있는 옵션이 생깁니다.

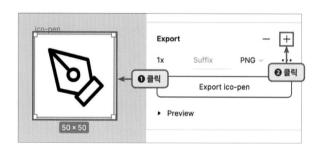

2. 이제 안드로이드나 iOS 등 작업 중인 운영체제에 맞춰 필요한 옵션을 선택하면 되는데요. iOS 앱 디자인을 한다는 가정하에 ➕를 두 번 더 클릭해 2x와 3x를 만들어 주세요. 그 다음 'Export ico-pen' 버튼을 클릭합니다. 그럼 로컬 폴더에 PNG 이미지 3장(50×50, 100×100, 150×150)이 추출됩니다.

TIP

이미지를 세 가지 크기로 만들어야 하는 이유는 [13장의 픽셀 밀도 이해하기]에서 자세히 다루었습니다.

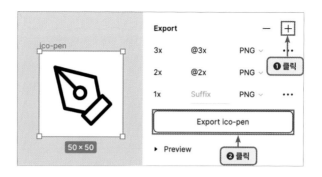

Export 메뉴 자세히 알아보기

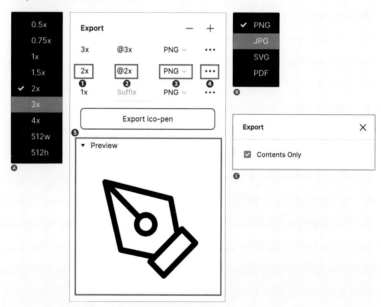

❶ 추출 이미지 크기 선택

　Ⓐ 이미지의 크기(배수)를 선택합니다.

❷ Suffix 지정: 생성되는 파일의 이름 뒤에 붙는 배수를 표시합니다. iOS 앱을 위한
에셋의 경우 이렇게 파일명 뒤에 배수를 표시해 줘야 합니다.

❸ 이미지 포맷

    Ⓑ PNG, JPG, SVG, PDF 중 하나를 선택합니다.

❹ 그 외 메뉴

    Ⓒ Contents Only: 그룹 안에 있는 요소들만 이미지로 추출합니다.

❺ 이미지 미리 보기

디자이너가 알아 두면 좋을 아이콘 제작법

모바일앱 하단 바처럼 아이콘을 비슷한 위치에 나란히 놓는 경우가 많습니다. 나란히 놓인 아이콘의 크기는 동일하게 맞추는 게 좋습니다. 이렇게 하면 개발 공수도 줄고, 협업도 매끄러워지며 리소스 관리도 체계적으로 할 수 있습니다.

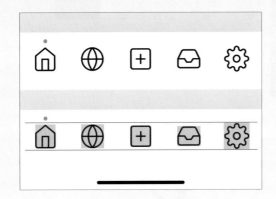

[예제 파일 17장 17-2] UI/Tabbar의 아이콘을 이용해 따라 해 보세요.

1. 각 아이콘을 선택한 후 마우스 오른쪽 버튼을 누릅니다. 'Frame Selection' 메뉴를 선택해 프레임으로 한 번 더 감싸줍니다.

2. 감싸준 프레임의 크기를 각 아이콘별로 동일하게 만들어 줍니다. 프레임의 크기
는 세로, 가로 획을 [opt+cmd][alt+ctrl]을 누른 채 마우스로 맞춰주면 더 수월
합니다.

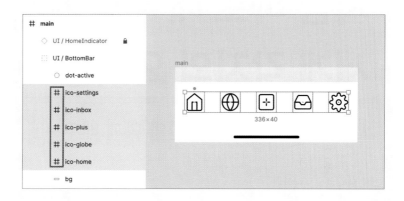

17.3 코드 탭 활용하기

속성 패널의 코드 탭에서는 특정 요소의 크기, 색상, 라운드 값 등 스타일
을 CSS, iOS, Android용 코드로 제공하고 있습니다. 개발할 때 시안에 적
용된 스타일 속성들을 하나씩 살펴보며 코딩할 수도 있지만, 코드 패널에
서는 그럴 필요 없이 코드 정보들을 자신의 개발 환경으로 그대로 복사해
사용할 수 있습니다.

이번에는 웹사이트 제작을 가정하고 텍스트 스타일의 CSS를 확인해 보
겠습니다. 텍스트를 선택한 뒤 오른쪽 속성 패널의 'Code' 탭을 클릭합니
다. 그 다음 아래 드롭다운에서 'CSS' 코드를 선택합니다. 그럼 아래에 폰
트 스타일에 관한 CSS 코드가 나타날 겁니다. 디자인 탭에서 일일이 속성
을 확인할 필요 없이, 폰트 종류와 크기, 색상 등 정리된 코드를 참고하기
만 하면 작업 효율을 한층 높일 수 있습니다.

CSS, SVG 코드 복사하기

피그마에서는 요소를 CSS 또는 SVG 코드로 쉽게 변환할 수 있습니다. 특정 요소에 쓰인 스타일을 쉽게 CSS로 가져가 사용할 수 있기 때문에 특히 웹사이트를 코딩할 때 유용합니다. 또한 SVG는 복사하면 에디터(코딩하는 작업 공간)에 코드로 바로 붙여넣기할 수 있기 때문에, 별도로 이미지를 추출할 필요 없이 사용할 수 있습니다.

1. 요소에서 마우스 오른쪽 버튼을 클릭한 후 'Copy/Paste' 메뉴에 마우스 커서를 올립니다.

2. Copy as CSS, Copy as SVG 중 하나를 선택합니다.

   ❶ Copy as CSS: 색상, 라운드 값 등 요소에 쓰인 스타일을 CSS로 바로 복사합니다.

   ❷ Copy as SVG: 그린 요소를 SVG 코드로 변환해 복사합니다.

부록

피그마 커뮤니티 활용하기

A.1 피그마 커뮤니티란?

피그마는 2020년 2월 첫 콘퍼런스 콘피그(Config)에서 앞으로의 행보를 공유했습니다. 그중 하나가 커뮤니티를 통해 서로 공유하고 배울 수 있는 문화를 만드는 것입니다. 피그마가 목표 지점을 향해 얼만큼 잘 나아가고 있는지는 비핸스(Behance)나 드리블(Dribbble) 같은 기존의 커뮤니티와 비교해 보면 쉽게 이해할 수 있습니다.

기존 커뮤니티에서는 이미지나 글로 구성된 다른 사람의 작업을 참고하고, 자신의 작업을 공유할 때도 이와 비슷한 형식으로 업로드하는 게 대부분이었습니다. 이미 완성된 작업물만 참고할 수 있어서 정확한 수치를 알 수가 없고, 똑같이 만들려면 눈대중으로 가늠하거나 일일이 재봐야 했습니다.

피그마 커뮤니티에서는 피그마 파일 자체를 공유함으로써 그 부족함을 채워주고 있습니다. 커뮤니티에 파일을 공유하면, 직접 파일을 만져 보면서 레이어, 에셋 등 구성 요소와 사용된 스타일을 면밀히 파악할 수 있습니다. 아이콘 선의 두께는 몇이고, 색상과 크기는 어떻게 되는지 등을 알 수 있어 실질적인 도움을 받을 수 있는 것입니다. 더 나아가 입맛에 맞게 변형도 해 볼 수 있습니다.

이처럼 피그마 커뮤니티에서는 다른 사용자들의 작업 방법도 경험해 볼 수 있고, 필요한 리소스를 구할 수 있을뿐더러 여러분의 작업을 공유해 반응을 살펴볼 수도 있습니다. 많은 사람이 피그마 커뮤니티에 자발적으로 참여해 네트워크를 만들어 내고 있어 앞으로도 더욱 기대해 볼 만합니다.

TIP

커뮤니티의 파일 사용법은 [3장 파일 브라우저 살펴보기]에서 설명했습니다.

A.2 내 프로필 설정하기

프로필을 등록하면 피그마 커뮤니티에 여러분의 작업을 업로드할 수 있습니다. 프로필을 완성하고 공개적으로 파일을 공유해 생산적인 문화에 기여해 보세요.

1. 파일 브라우저에서 계정 이름을 클릭한 뒤, Settings 메뉴를 한 번 더 클릭합니다. 그리고 'Set profile handle' 버튼을 클릭합니다.

2. 팝업창이 뜨면 커뮤니티 프로필에 쓰일 URL을 입력한 뒤, 'Done' 버튼을 누릅니다. 여기 입력한 URL은 자신의 프로필 주소가 되고, 다른 사용자에게 전달할 수도 있습니다.

3. 입력을 마치면 상단 툴바에 Public 메뉴가 생성됩니다. Public 메뉴를 클릭하면 프로필 페이지가 나옵니다. 여기에 자신이 커뮤니티에 업로드한 피그마 파일이나 플러그인이 나타납니다.

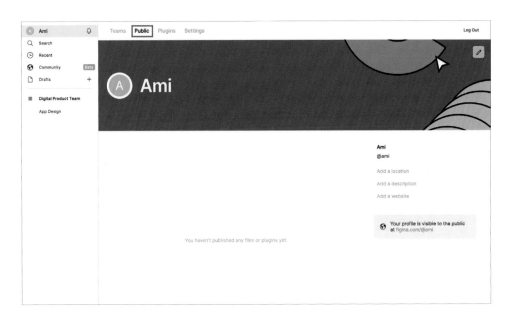

A.3 내 작업 커뮤니티에 올리기

이제 커뮤니티에 여러분의 작업을 올릴 수 있습니다. 피그마 커뮤니티는 피그마 파일 전체를 올리는 방식이기 때문에, 다른 사람도 쉽게 파일을 파악할 수 있도록 페이지명, 레이어명을 명시적으로 기입해 놓는 게 좋습니다. 자, 그럼 파일을 어떻게 커뮤니티에 올리는지 방법을 알아보겠습니다. 이 과정은 파일을 다른 팀원들에게 공유할 때와 비슷합니다.

1. 커뮤니티에 올릴 파일에서 툴바 오른쪽의 'Share' 버튼을 클릭합니다. 공유 팝업창이 뜨면 왼쪽 상단 Invite 탭 옆에 커뮤니티에 파일을 업로드한다는 'Publish to Community' 탭을 클릭해 주세요. 그 다음 아래 'Publish...' 버튼을 한 번 더 클릭합니다.

2. 그럼 파일에 대한 설명을 입력하는 팝업창이 뜹니다. Name 입력란만
   필수입니다. 더 자세히 설명하고 싶으면 다른 입력란도 채워보세요.
   입력을 마친 뒤에는 'Publish'를 클릭합니다.

   ❶ Name : 파일의 이름을 입력합니다. 프로젝트 이름도 괜찮고, 어떤
   성격의 파일인지 알려 주는 것도 좋습니다.

   ❷ Description : 상세 설명을 입력합니다.

   ❸ Tag : 파일의 성격을 보충하는 태그들을 입력합니다.

   ❹ Preview as a : 커뮤니티에서 파일을 클릭하면 프리뷰와 설명이 나
   오는데요. 이때 프리뷰를 어떤 형태로 보여 줄지 선택합니다.

   　❹ File : 파일 첫 번째 페이지의 내부를 보여 줍니다. 혹은 파일 내
   　특정 프레임을 오른쪽 클릭 후 'Set as Thumbnail'을 설정하면 프
   　리뷰에서 해당 프레임이 보입니다.

   　❸ Prototype : 프로토타이핑 뷰로 보여 줍니다. 프리뷰에서 프로토
   　타이핑을 실행해 볼 수도 있습니다.

   ❺ Author : 파일을 업로드한 주체를 나타냅니다. Drafts에 있는 파일

을 커뮤니티에 올릴 경우, 주체는 개인 계정이 되고, Team Project
에서 올릴 경우 팀 계정으로 업로드됩니다.

❻ License : 피그마 커뮤니티에 올라가는 모든 작업물은 기본이 CC
BY 4.0입니다. 무료로 다른 사용자들에게 배포되는 것이죠. 이 때
문에 커뮤니티에 올릴 파일에 저작권 문제는 없는지 충분히 고려한
뒤 진행하도록 합니다. CC BY 4.0 라이선스에 대해 좀 더 자세히
알고 싶다면 'Learn more'를 클릭해 주세요.

3. 커뮤니티에 파일 업로드를 완료했습니다. 'View page' 버튼을 클릭해 올린 파일을 확인해 보세요.

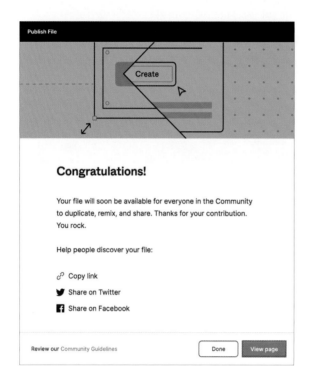

4. 커뮤니티 파일은 왼쪽 사이드바에서 내 프로필을 클릭한 뒤 Public 탭에서 다시 확인할 수 있습니다.

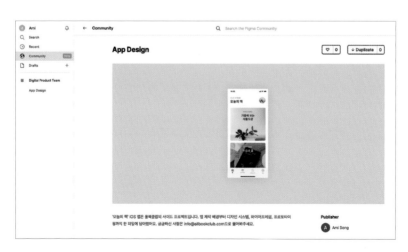

Q. 커뮤니티에 업로드한 파일을 수정하거나 취소하려면 어떻게 해야 하죠?

A. 커뮤니티에서 업로드한 파일을 클릭해 아래로 스크롤 내리면 오른쪽 하단에 회색 메뉴들이 있습니다.

❶ Edit this page : 파일을 업로드할 때 입력했던 설명을 수정합니다.

❷ Unpublish : 커뮤니티에 올린 파일을 취소합니다. 파일은 그대로 유지하되, 커뮤니티에서 지워집니다.

피그마 템플릿 사용하기

피그마에서는 다양한 템플릿을 제공합니다. 플로차트부터 와이어프레임, 사용자 스토리맵, 모바일 UI 키트 등 다양한 템플릿을 무료로 사용할 수 있습니다. 템플릿은 모두 피그마에서 작업된 파일이기 때문에 필요할 때 간편하게 열어 보고 수정해 볼 수도 있습니다. 그럼 이제 어떻게 템플릿을 사용하는지 알아봅니다. Wireframe kits 템플릿을 사용해 와이어프레임을 작업할 환경을 만들어 보겠습니다.

1. *https://www.figma.com/templates/*로 들어갑니다. 그럼 Figma Templates 화면이 보일 거예요. 여기서 Wireframe kits를 선택합니다.

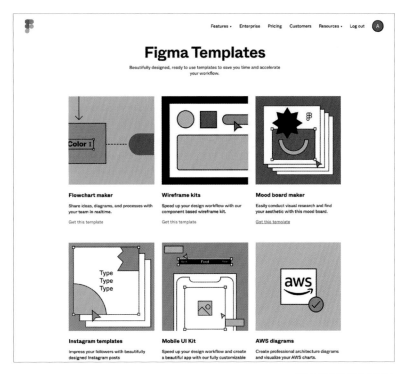

2. Wireframe kits를 설명하는 페이지에서 'Try Figma for free' 버튼을 클릭해 주세요. 템플릿 파일을 여는 방식은 피그마 커뮤니티에서 파일을 여는 방식과 동일합니다.

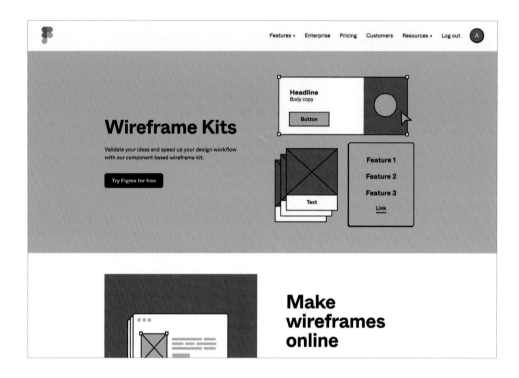

3. 그러면 Wireframe kits 파일이 열립니다. 파일의 구성은 왼쪽 레이어 패널의 'Pages'에서 살펴볼 수 있습니다. 주로 파일의 사용법이나 리소스 종류별로 구분해 놓기 때문에, 처음 템플릿 파일을 열면 페이지들을 한 번씩 확인해 보는 게 좋습니다. 다른 템플릿들도 이와 같은 방법으로 사용해 보세요. 열어 본 파일은 파일 브라우저의 'Drafts'에서 다시 찾을 수 있습니다.

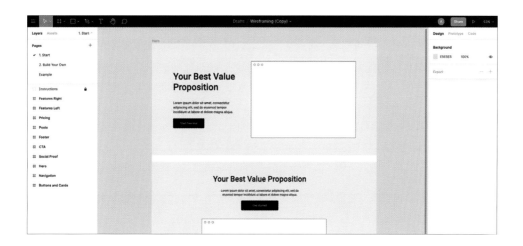

어떤 디자이너로 성장하고 싶은가

저의 첫 직장은 소규모 스타트업이었습니다. 그 당시 주위의 많은 분들이 왜 스타트업으로 취업했는지 묻곤 했습니다. 그럼 저는 "소규모 스타트업에서는 디자인 경험이 많지 않아도 메인 디자이너로서 포트폴리오를 만들 수 있고, 다양한 경험을 많이 해볼 수 있기 때문"이라고 답했습니다.

디자이너가 저 혼자인 회사에 입사하여 몇 개월을 고군분투하며 보내보니 현실적인 한계에 부딪혔습니다. 예를 들어 디자인 균형이 안 맞는 것 같은데 어딜 더 손봐야 하는지, 다른 일도 해 보고 싶은데 그 일이 커리어에 도움이 되는 일인지, 경험해 보지 않았던 일을 마주하면 어디서부터 시작해야 하는지 등에 대한 답을 찾을 수 없었던 것입니다. 이때 사수의 필요성을 절실히 느끼게 되었습니다. 그러면서 내가 왜 스타트업에 입사하고자 했는지 다시 한번 되돌아 보게 되었습니다.

포트폴리오, 다양한 경험은 모두 기대한 것 이상으로 이루었다고 판단했습니다. 성장을 했습니다. 그런데 그 성장이 어떤 면에서의 성장인지 알 수가 없었습니다. 이렇게 고민을 하던 찰나 그동안 놓치고 있었던 한 가지를 발견했습니다. '어떤' 디자이너로 성장하고 싶은지를 한 번도 생각해본 적이 없었던 겁니다. 그렇기에 얼마만큼 성장했는지 비교해 볼 수 없고, 일하고자 하는 동기가 얄팍했기에 한계나 시련이 오면 쉽게 흔들릴 수밖에 없었던 겁니다.

조금은 멀리, 넓게 보고 내가 원하는 디자이너로 성장하기까지의 원동력을 만드는 게 중요했습니다. 이를 계기로 저는 성장한 디자이너의 모습을 이렇게 정의했습니다.

1. 디자인팀을 이끌 수 있는 디자이너
2. 내 지식을 공유할 수 있는 디자이너
3. 스킬 스펙트럼이 넓은 디자이너(기획, 디자인, 개발)
4. 개발자, 기획자와 소통이 잘 되는 디자이너
5. 앱과 웹 생태계의 최신 동향을 잘 파악하고 있는 디자이너
6. 배움의 자세를 꾸준히 지니고 있는 디자이너

성장한 디자이너의 모습을 정의하고 나니 성장을 위해 어떤 과제를 해야 하는지 알 수 있었습니다.

1. 팀을 실제로 꾸려보고, 리더의 역량을 갖춘다.
2. 부족한 것은 파악한 뒤 학습하고, 공유할 자리를 갖는다.
3. 주어지는 업무는 일단 모두 경험해 본다. 모르는 것은 따로 시간을 내어 배운다.
4. 여러 사람과 협업해 보고, 더 다양한 플랫폼을 경험해 본다.
5. 업무 시작 전 2건 이상의 최신 정보를 열람한다.
6. 최소 월 2회 스터디를 참가하고, 모르는 것은 물어 본다.

이러한 과제를 구체적으로 파악하고 나니 당시 일하던 스타트업에서는 한계가 있다고 판단되었습니다. 그래서 이직을 결정했습니다. 일이 힘들거나 어려워서 혹은 다른 환경들이 나와 맞지 않아서의 이유로 이직을 결심했던 것이 아니라, 내가 성장하고 싶은 방향으로 나아가기 위해서는 좀 더 큰 환경을 경험해 봐야겠다 생각에 최종 결정을 했습니다.

그리고 나니 어떤 곳으로 이직해야 할지 답이 나왔습니다. 앞서 구체화한 과제를 이행할 수 있는 환경이 그 기준이 되었습니다.

1. 디자이너와도 한 팀을 이룰 수 있는 환경
2. 다양한 플랫폼을 경험해 볼 수 있는 환경
3. 더 많은 사람들과 협업해 볼 수 있는 환경

그 후 이직에 성공해 실제로 디자인팀을 이끌어보기도 하고, 배운 것을 토대로 세미나를 열어보기도 하고, 스터디도 진행해 보는 등 과제들을 실행할 수 있었습니다. 성장에 대한 정의를 내리고 보니, 어떻게 얼만큼 성장했는지도 정확히 알 수 있었고요.

성장에 대한 고민은 아직 끝나지 않았습니다. 하지만 그 고민이 있을 때마다 "나는 어떤 디자이너가 되고 싶은가?"처럼 근본적인 질문에 다시 답을 해 봅니다. 만약 여러분도 같은 고민을 하고 있다면 이번 기회에 성장의 기준과 방향을 그려보는 건 어떨까요?

- **그림 1-2** uxtools.co에서 2020년 가장 기대되는 툴로 선정된 피그마 *https://uxtools.co/survey-2019/*

- **그림 1-4** 피그마의 실시간 협업 *https://www.figma.com/collaboration/*

- **그림 1-5** 피그마의 버전 히스토리 *https://help.figma.com/hc/en-us/articles/360038006754-Version-History# Viewing_Versions*

- **그림 1-7** 팀 라이브러리 *https://help.figma.com/hc/en-us/articles/360039162653-Publish-a-file-to-a-Team-Library*

- **그림 2-2** 모바일 웹 브라우저로 실행한 피그마 화면(왼쪽)과 미러 앱으로 실행한 화면(오른쪽) *https://help.figma.com/hc/en-us/articles/360040328413-Download -the-Figma-Mirror-App*

- **그림 3-2** 피그마 팀 권한 *https://help.figma.com/hc/en-us/articles/360039970673-Viewer-Editor-and-Admin-Permissions*

- **그림 3-3** 피그마 파일 구조 *https://help.figma.com/hc/en-us/articles/360038006374-Projects-in-Figma*

- **그림 9-1** 앱 안에서도 다양하게 쓰이는 그리드 *https://help.figma.com/hc/en-us/articles/360040450513-Create-Layout-Grids-with-Grids-Columns-and-Rows*

- **그림 12-4** 한국에서 가장 많이 쓰는 태블릿 해상도 *https://gs.statcounter.com/screen-resolution-stats/tablet/south-korea*

- **그림 13-6** 아이폰X의 안전 영역 *https://developer.apple.com/design/human-interface-guidelines/ios/visual -design/adaptivity-and-layout/*

- **그림 15-3** 우버(Uber)의 디자인 시스템 *https://dribbble.com/Uber*